本書整理研究編輯
受『中央高校基本科研業務費專項資金』資助

中國園林藝術大師陳從周先生一百〇五年誕辰紀念

陳洺周繪畫集

主　編　宋凡聖
副主編　石迅生　國增林　吴曉明

浙江大學出版社・杭州
ZHEJIANG UNIVERSITY PRESS

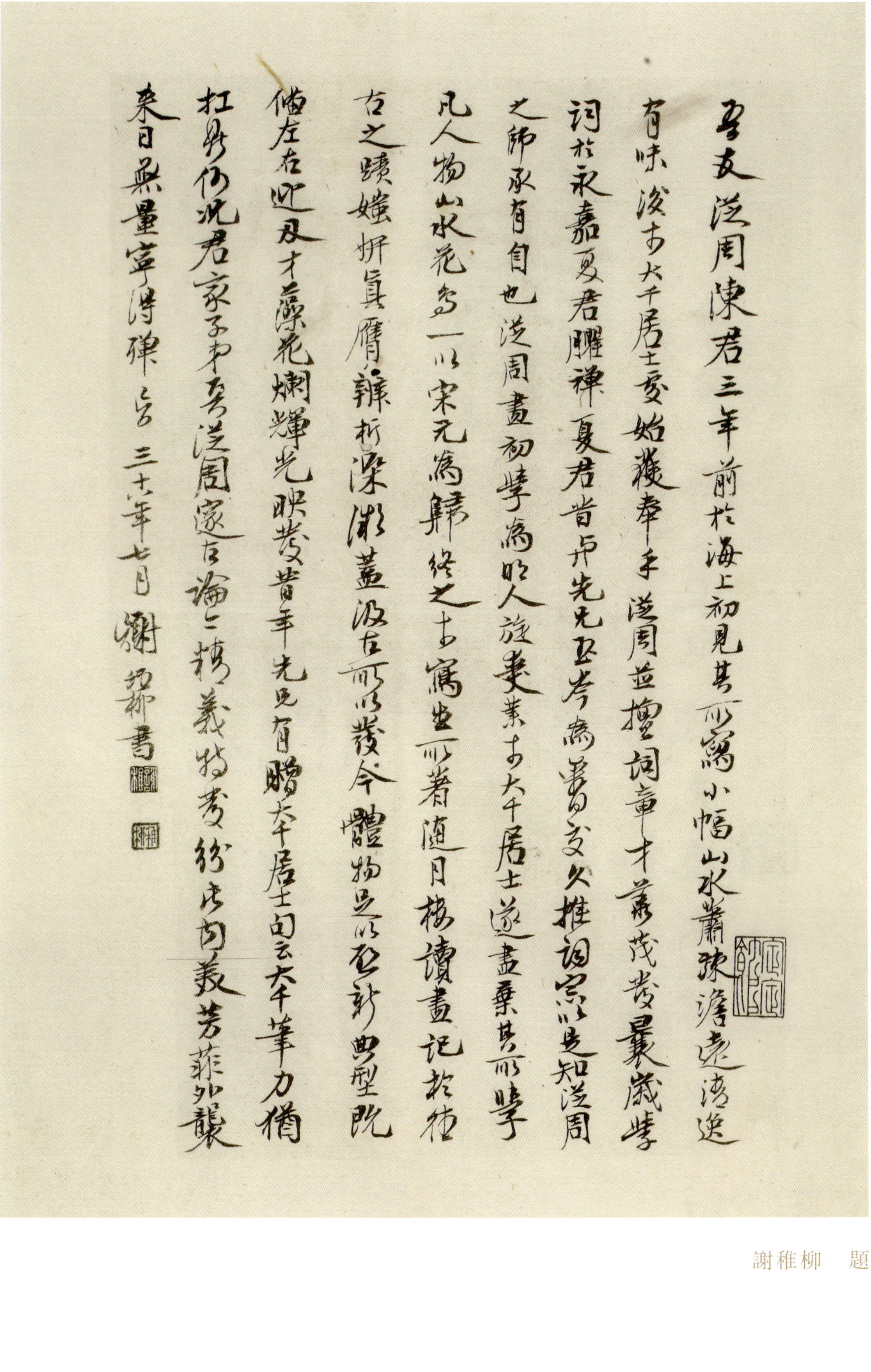

謝稚柳　題

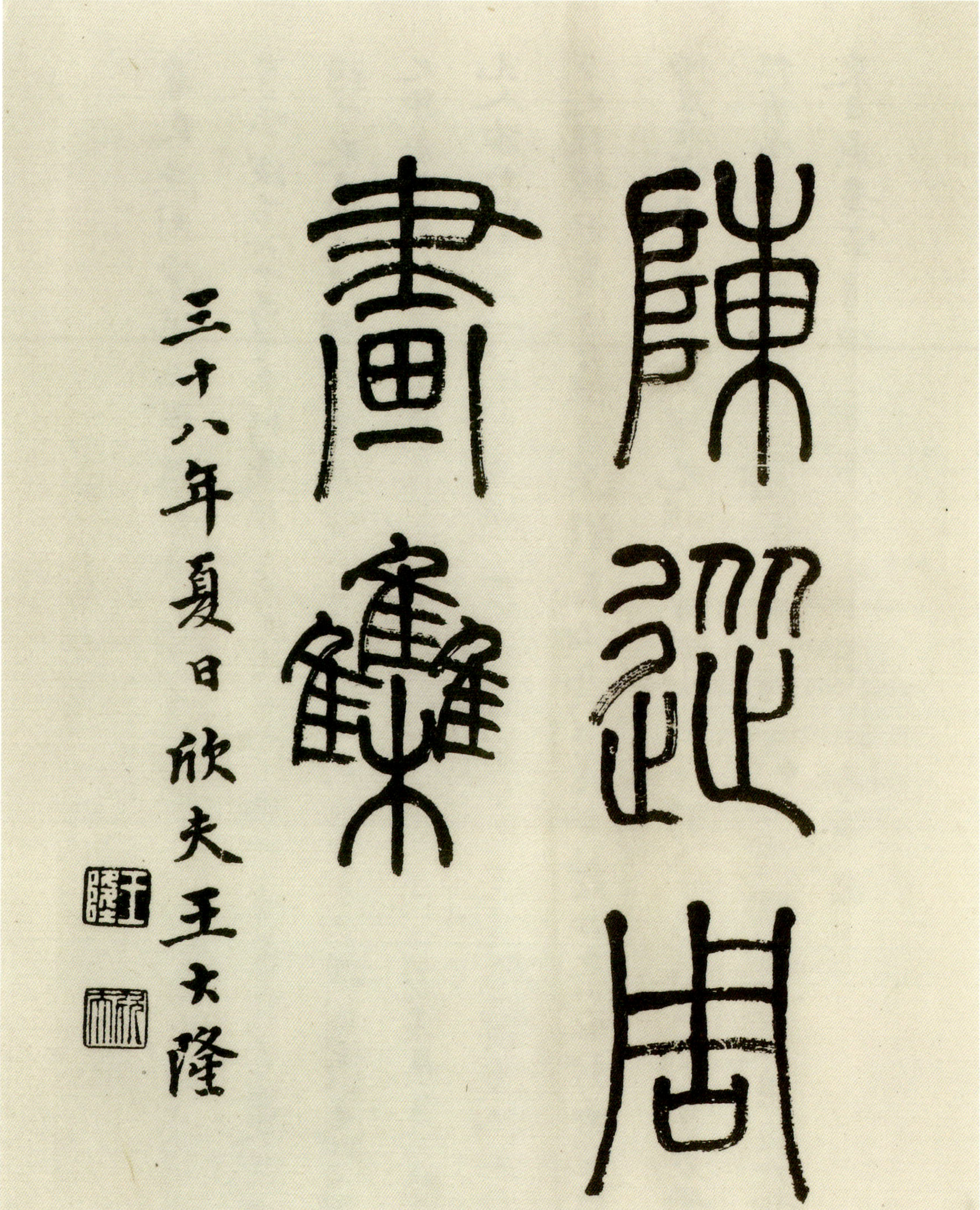

王大隆　題

《陳從周繪畫集》編輯委員會

序一　草木即景　滄浪風神——寫給陳從周先生書畫集

許江

知中國文化，需知中國園林；知中國園林，則需知陳從周先生。

陳從周先生是一代中國江南園林建築的傑出研究專家、建造專家和名師。我第一次聽說他的名字，是二十世紀九十年代初到南潯小蓮莊。當年還是水鄉田陌環抱中的莊園，伴家廟，繞碧溪，曲廊壘山，小橋水築。據說此類園林築造的保存均賴于先生的力倡。二十一世紀初，我與中國美院、同濟大學、東南大學諸校的專家一道考察烏鎮、西塘一綫水鄉水築，常聽到對他的理論研究的引用和推崇。

近年讀到陳從周先生的《蘇州園林》，對他關于園林的精微考察、專門研究，以及數十年的磨礪，深懷敬意。甚至竊心嚮往二十世紀五十年代初他每周末到蘇州工專兼課時的閑靜之境，那種待夕陽半紅、盡一日之興的游觀，那種『我有柔情忘未了，卅年恩怨盡蘇州』的滄海桑田的遠懷。陳先生深悟中國文化的精髓，以動靜之理將哲思與園林營觀融成一體，熔鑄中國園林的境域，激發中華的文心來感喟建築、山水、花木諸般合一的經營築構，以情造景，以心築園，提出一系列極具高度的造園理論。這些理論不是一般的閑居散游所能做到的，没有長期的苦業、没有博雅的情懷、没有偉大的沉醉，中國園林的境界是不可能在他的研究與築造中顯豁出來的。

與陳從周先生園林研究的盛名比，他的畫作卻不多見。這些畫宛若小窗即景，一窗一草，一窗一木。草木間存生機，蘊蕙蘢，更有一種憑窗眺望的園林之觀。這個『觀』如此簡約，竹竿兩枝，幽蘭數撇，嘉生抖擻，圓質倚天，直若園林居所中的小築小品；又如此深美，在碩大荷葉的間隙中，探出清雅蓬尖，縱横梅林的深處挑暗香數朵，最是幽妙。這個『觀』中還凝著中國獨具的山水草木觀，識草樹之名，品花木之神，放筆從心，風姿綽約。如是山水草木蘊心物合一的衷情，涵春秋煙雨的親愛，聚著一片深厚醇重的沉醉。陳從周先生一定是在研究勞作之餘，揮筆寫案前窗外的小景，所見卻是心中陶醉的草木之意。

陳從周先生的繪畫用筆頗見瀟灑風情。如此用筆得益于他的書法。先生的書寫，遠紹二王，兼取明清諸家，尤得明人行草連綿紛披之意。行筆爽健洗練，節奏跌宕起伏。沿立軸一綫而下，與竹枝風葉的放拓形成對比，温以妍潤，和以閑雅，愈見清麗内質。先生數幅立卷，如滄浪風竹，纖竿挺放，直若生竹在窗，勃發出框；又如小鳥高枝，鳥蟲生動，疏葉披風，蘊蓄小庭煙雨，藿影婆娑。如是畫卷，亦非一般的小窗即景，卻是用和雅之筆，將園林的風神凝在這裏，一紙煙雨，滿目滄浪。

陳從周先生的專研是大院高築，繪事于他卻是小窗盆景。無窗無景，院築無以通透，無以敞亮。那窗景正是園林築造的風神。從那裏風生水起，得天地之助，煙雲灑入人宇，最得自然造化的靈動與品性。這正是陳從周先生書畫的風格品味吧。

二〇一七年十一月五日

卷首語　意境幽深　氣韻生動——談陳從周繪畫藝術的特點

陳從周先生是海內外聞名的中國園林藝術大師和古建築學家，又是作家、詩人、畫家、書家和史學家，多才多藝。但是，很少有人知道，他在繪畫上成名比造園更早。遠在一九四八年秋，陳先生正好三十歲，在上海永安公司樓上舉辦個人畫展，作品以宋詞『一絲柳、一寸柔情』爲主題展出，很受歡迎。没等展覽結束，畫作就被一搶而空，得黄金十兩，轟動了全上海畫壇。

陳先生是杭州人，祖籍紹興上虞。老家在大運河尾段，各種形式的船隻都在這裏穿梭，他自幼就在風景如畫的水鄉長大。讀小學時，在教會學校，就有美術和音樂兩門課了，因爲年紀小，學畫直綫、圓圈之類。在杭城兩浙鹽務中學讀初中時，他的圖畫老師胡也衲先生教素描、水彩、國畫和書法，教得很好，課外還組織國畫興趣小組，辦畫展，陳先生的畫多次被選中。胡先生還常帶學生到附近的水星閣、小北門一帶寫生，那裏是南宋的别墅區，仍留有廣闊的水面和垂柳，景色優美。陳從周畫了許多，其中一幅以湖水爲背景，有楊柳枝條和小鳥的水墨畫，得到胡老師稱贊，在校報發表了，初露繪畫天才，日後對繪畫課更重視了。平時胡老師繪畫時，陳先生常爲他磨墨拉紙，站在畫桌旁看他下筆，觀他寫字，一站就是兩三個小時，默默地學到許多關于繪畫寫字的基本知識。就這樣在胡老師的教誨和熏陶下，先生喜歡上國畫藝術了。讀高中、進大學學習時，仍然堅持學繪畫。課餘、寒暑假日常主動去拜訪杭城名畫師。既學工筆，也學寫意，還學書法；既學人物，也學山水，還學花鳥，興趣廣泛。當時杭城繪容（人像）最有名的是王竹人老先生，他出自繪容世家，先生就向他學習，常看他畫像，聽他指點。老先生見他虚心好學，就傳授自己的經驗説：『作畫必墨底用足，不必仗色彩之力。無墨底之踏實，色彩用之徒然也。』他的教導使先生受益至深。杭城老畫家武吉力齋先生是學揚州八怪的書畫而成才的。他作畫前全神貫注，能從容審慎周到地思考，粗筆老而益勁，工隸書，以隸意寫畫，饒有金石之氣；而在畫之收尾，若細筆鈎蕊，焦墨點幹，絲毫不苟，千鈞運筆，其筆力蒼勁，動人心魄。詩也寫得好。畫有情，詩有趣，給陳先生也留下極其深刻的印象。有各位名師指點，陳先生的繪畫進步很快，奠定了堅實的基礎。他早受庭訓，古詩文基礎扎實，讀大學時又有夏承燾、王蘧常等名師指點，不但學會了作詩填詞，而且更進一步地領會到什麽是詩情畫意。文學上、美學上的修養，特别是詩詞上的進步，促使他在繪畫上有更大的提高，他常爲校刊作詩繪畫，成爲大學生中的佼佼者。大學畢業後，他在杭州高級中學和杭州師範學校當老師，除教語文和歷史外，還兼教美術課。

一九四六年到上海進了聖約翰大學高中部，他也教文史和美術課，還被徐志摩家聘爲家庭美術教師，專教徐積鍇（徐志摩長子）的母親張幼儀和妻子張粹文繪畫。陳先生課上得好，畫也畫得好，在同行中有些名氣，經朋友篆刻家方介堪介紹，結識當時上海畫壇的名畫家李秋君女士。李女士是浙江寧波人，張大千先生特别要好的紅顔知己。她很欣賞陳從周的繪畫才能，當國畫大師張大千先生特地從四川趕到上海，專門爲李秋君做五十壽時，李女士帶着陳從周到張大千的畫室大風堂，將陳從周推薦給張大千。張先生經面試，看到一個僅二十多歲的青年，在繪畫和文學上都有這麼好的功底，很是喜歡，就拍拍他的肩膀，同意收他爲徒弟，教授繪畫（見圖一）。陳從周就這樣進了大風堂，成了張大千先生的入室弟子（正式拜師禮由李秋君主持）。從此他專攻國畫，山水、人物和花鳥畫都學。學畫期間，陳從周虛心好學，悟性高，一點就通，進步很快，張師大千先生很是欣慰，有時看到他畫得好，就情不自禁地親自提筆在他畫中題字。例如在陳先生作的《臨宋人花

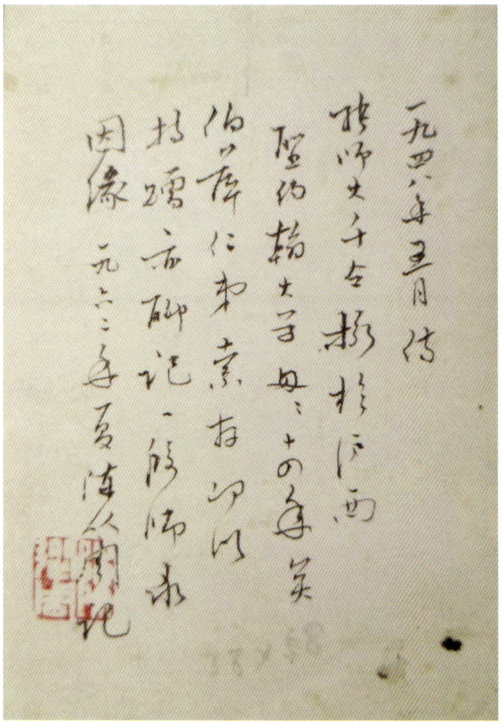

圖一　陳從周與大千師在一起

鳥畫（伯勞修竹圖）》上書：『此宋人李迪本，吳興龐虛齋丈所藏。予嘗假臨之。從周又從予所臨者臨之，比之唐摹晉帖而宋刻者耶？戲爲識之。戊子秋月張大千爰。』又如在陳先生作的《黃山雲煙圖》上書有：『此亦黃山境界，峰巒起伏，雲烟變幻。石濤所謂得其情者，從周有焉。丁亥十二月爰題。』這些都是張大師對弟子繪畫的極高評價。在張大師的眼裏，這位弟子跟從自己學畫以來，不但能學老師所長，還能學老師所學的前人所長，在作品中做到以情入畫，以形寫神，形神兼備，很令人滿意。一九四八年，陳從周三十歲時在上海舉辦的『一絲柳、一寸柔情』個人畫展，張師大千先生看到自己的得意門生迅速成長、成熟起來，爲了進一步鼓勵和獎掖他，就主動爲陳從周畫展題上『門人陳從周繪畫展』的展標。畫展取得了轟動效應，張大千更加歡喜。可見張師大千先生是非常賞識他的。陳從周的繪畫才能也引起著名的畫家和美術教育家、蘇州美術專科學校校長顏文梁先生的注意。經本校教師推薦，特聘陳從周爲副教授，到校兼教美術課。這時，陳從周已是國畫家和美術教育家了。

到了二十世紀八十年代，先生的畫名更是蜚聲海內外，他的畫作被政府列入國寶行列，作爲國禮贈送外賓，同時也被禁止帶出境。

先生繪畫藝術的最大特點是什麼呢？就是意境幽深，氣韵生動。

意境，在這裏是指繪畫作品的圖景裏滲透着作者含蓄、豐富的情思，能激發欣賞者想象和思索的藝術境界。氣韵生動一詞是中國畫品評標準『六法』之首，原用在人物畫的藝術形象上，現也借用到山水畫和花鳥畫上。這是指把描繪物件的神情風貌、特徵和內在含義表現得形象、生動。先生畫作意境幽深、氣韵生動，具體表現在以下幾方面：

首先，繼承中國古代文人畫的優秀傳統，畫作表現出深刻的思想性。先生畫的無論是花鳥、山水，還是人物，都是物景與『我』相交融的，通過自己的思想和手，寫出自己的感情和意境來。拿花鳥畫來説，先生與古代文人一樣，喜歡梅、蘭、竹、菊、鬆、荷、石、鳥等，畫中常以這些爲題材，將它們的自然特徵與人的道德情操緊密相連，梅之耐寒、蘭之淡雅、竹之勁節、菊之傲霜、鬆之不凋、荷之高潔、石之堅硬、鳥之自由，都是『君子』、『美人』、『高士』的象徵，先生作畫時，把『我』放了進去，就可以任意揮灑，借此抒發自己的思想感情。例如：先生畫『梅』，稱其『寒香』，它有『冰霜之操，穹窿之量』，『梅無媚態』；畫『蘭』，贊之『在山人不識，出谷便芬芳』，還説『梓翁畫蘭務簡删繁，比如醫家妙藥靈丹』；畫『竹』，先生題『人有骨，竹有節』；畫『菊』，稱菊爲『御霜之花』，『黄花晚節香』；畫『荷』，謂之『翠葉吹凉玉容消酒』；畫『竹石』，題『石秀竹青』；畫『蘭竹石』，就題『蘭芳竹秀石長壽』。從先生的花鳥畫看，他繼承了中國古代文人畫的優良傳統，具有中國古代文人的興趣、愛好、氣節和情操。物、景和人，情感是相通的，這就是藝術的共性。然而優秀的藝術家在畫同一個題材作品時，能突顯出各自的個性來。例如同樣畫梅花，不同的畫家融進自我之後，就會畫出不同的意境來。宋代楊無咎是畫梅名家，他創造出圈花法畫梅，增加了梅花的表現力，又熔雙勾法與没骨法爲一爐來畫梅的枝幹，既細致又灑脱，畫中表達了自己率直、耿介、不求名利的清高思想。元人王冕也是以畫梅聞名于世的，他畫的梅，枝幹有力，枝條横斜在畫幅中間，枝梢細長而富有彈性，花朵則多而密，聚集一起，含苞待放，充滿生機。表達了對現實的不滿，希望人民團結在一起，共同反抗的民族精神和『祇留清氣滿乾坤』的崇高品德。先生也喜歡畫梅，例如一九八三年畫了一幅長條《孤姿寒香》（見圖二），他也以圈花法畫梅花、以雙勾法和没骨法結合畫枝幹。整幅畫是孤枝奇古，彎彎曲曲，跌宕多姿，

圖二　孤姿寒香

枝幹上的蒼苔鱗皴、斑駁封身，更顯歲月之艱辛；老梅頂風雪鬥嚴寒之後，終于迎來春天，老幹勁健有力，新枝挺直俊秀，梅花在枝幹彎曲處絶路逢生，寒葩凍萼，晶瑩如玉，含苞欲放。這幅畫中梅具有老樹新花、生機不滅的情趣，令人産生疏香冷氣、沁人心脾的感懷。由此而聯想到先生的一生：他雖遭受過多次打擊，但在艱難困苦之中，爲了他熱愛的并終身追求的事業（以風景園林裝點河山，讓祖國變得更加美麗），爲了繼承和弘揚祖國燦爛的歷史和文化，從不計個人得失，不顧個人安危，總是堅守崗位，努力奮鬥，赤膽忠心，令人肅然起敬。改革開放之後，他重獲新生，見到了光明，焕發了青春。先生借此畫抒發苦盡甘來的歡樂，并暗喻燦爛的前景，這也正是老一輩知識分子的共同命運。所以，這幅畫也寫出了老一輩知識分子在改革開放春天到來時的歡樂和期盼，作品具有很强的感染力，富有時代精神和典型意義。

其次，是畫面注重神似，講究氣韵。先生的畫不刻意追求畫體的細微真實，而是遺貌取神，追求以情感變化造成筆墨的千變萬化，用墨綫造形傳神，再配以墨韵水色，有濃有淡，畫面富有立體感和運動感，使欣賞者感受到回腸蕩氣的效果。先生的《黄山雲煙圖》（見圖三）就是典型。它以墨綫作爲造型的主要手段，墨綫或粗或細、或乾或濕、或濃或淡，曲曲彎彎，時輕時重，轉折頓挫中充滿律動的美感。山以墨綫爲骨，皴、擦、點、擢，均以積墨、宿墨、焦墨互用，層層積

圖三　黃山雲煙圖

染，濃而不滯，淡而不薄，在筆墨技法上很是高明。運筆用墨之時，先生內在的潛流（即知識、理智、情感、主題、審美意識等混合在一起的思想）與繪畫技法巧妙結合，以形寫神，形神兼備，畫出黃山奇、險、雄、秀的神韵和美感：它的勃勃生機，它的蒼莽華滋，在雲海中時隱時現，蜿蜒起伏的山巒，就好像蛟龍在飛舞，恣意地變化形狀，奮力地鼓動着變幻莫測的雲濤……令人沉浸在無限的遐想之中。這是先生對黃山自然美的贊嘆，也是對祖國壯麗山川的歌頌，充分表達了作者對祖國河山的無限眷戀。

再次，是構圖形式生動、形象完美。這是在畫面經營美的位置，爲突出主題、表達幽深的意境服務。先生對畫的構圖十分重視，他的畫原則上都按黃金分割率的標準布局，但又不拘泥于黃金分割率，根據內容和主題進行構圖、取捨，主賓、濃淡、虛實、呼應、疏密、開合等方面的配合都安排得非常精妙，靈活多變。先生的畫，構圖形式多樣，筆墨主體位置，有集中于上的『甲』字形，有集中于下的『由』字形，有集中在竪對開中綫偏左的『則』字形，偏右的『佛』字形。上與下、左與右，虛實都是相對的。但也有例外，他畫竹多是頂天立地的，水仙、菖蒲圖是上下兩頭空，左右兩邊虛的，可見筆墨孰滿孰空都依題材和主題而定。他的山水畫，有的爲了創造一種挺拔險峻凝重的景象，突出雄偉，就要以重墨、濃墨渲染，追求氣勢；有的爲了創造一種俊逸清新明秀的景象，突出空靈，就要以淡墨、空白相間，講究情韵。《黃山雲煙圖》在層層叠叠的峰巒中留有條、帶、綫、片、塊等大大小小形狀各不相同的空白，就是爲了描寫黃山烟雲的。黃山烟雲是『黃山四絶』之一，畫中作了精彩的描繪：雲海氣象壯觀，變幻萬千，時而好似在山間流動飄浮，時而又如白浪翻滾，讓欣賞者產生種種聯想和想象，擴大畫面的境界。這些空白也是計白當黑，是畫體形象的延續，可以突破時間和空間的限制，達到畫裏傳神、畫外有畫的美妙意境。

最後，是以詩書印調節畫面，來深化意境。畫家都會用詩書印，而先生是集文章、詩詞、書法、繪畫于一身的藝術大師，所以，他在畫作上題詩、題詞、落款、蓋章等特別講究，從內容到形式都是安排得十分精妙的。例如梅圖上僅題『孤姿寒香』四個字。從內容看，他以題詞點題，再配上飄逸、靈動、秀麗的行書，既深化主題，又增添想象，讓欣賞者對畫中梅的特有形象產生美感，既見它孤枝挺健的風采和彎曲多姿的外貌，又好似聞到陣陣冷香，沁人心脾，頓覺心曠神怡；從形式看，題款的位置彌補了右邊畫面空白的不足，恰好與左邊新枝相呼應，使畫面的構圖更加和諧、平衡、完美。印章鮮明奪目，儼然是畫作的有機組成，與下面的梅花通氣連枝，達到交相輝映的效果。總之，先生的詩書印與畫相得益彰，使畫的形象更加動人，意境更加深遠。

爲什麽先生能畫出意境幽深、氣韵生動的好作品來呢？

我國的國畫家和國畫品評家都非常强調畫家的主觀作用，畫品即人品，都以畫家的個人修養和人品作爲評畫的依據。清人唐岱在《繪事發微》中說：『畫學高深廣大，變化幽微，天時、人事、地理、物態，無不備焉……胸中具上下千古之思，腕下具縱橫萬里之勢，立身畫外，存心畫中，潑墨揮毫，皆成天趣。』可見胸中學問多少、修養高低是決定一個畫家成就高低的重要因素。中國歷史上許多著名的畫家如王維、蘇軾、文同、米芾等，都是杰出的文學家，而許多著名的文學家如杜甫、歐陽修、黄庭堅等又都是卓越的繪畫品評家。黄庭堅在《山谷集》中評論宋宗室趙令穰畫竹時說：『若更屏（摒）聲色裘馬，使胸中有數百卷書，便當不愧文與可矣。』意思是說如果他能摒弃貴族的奢侈生活，多讀點書，胸中有更多文墨的話，他畫竹上的成就可以和以畫竹聞名的文同相媲美了。這正説明畫家自身修養的重要性。陳從周先生廣覽群書、博聞强記，又能文善詩，著作等身，有很高的學術造詣和文化修養；在繪畫技法上也具有深厚的傳統功力，師古時能『師心不師迹』，富有獨創性，正如清初石濤所説，借古是爲了『寫天地萬物而陶咏乎我』，借古以開今。先生的畫都是『立身畫外，存心畫中』，無論是畫一顆水仙、一朵蘭花、一塊石頭、一隻小龜，還是凌寒的冬梅、傲霜的秋菊、不老的青松、挺拔的翠竹、美麗的山水，都是先生平日所見、所聞、所思、所想，無不來自生活又高于生活，都洋溢着青春的活力、堅强的信念和積極進取的精神。從先生的繪畫中我們可以感受到先生對工作、對生活、對自然、對生命、對祖國和人民的無比熱愛。

浙江大學 陳從周研究課題主持人宋凡聖

寫于華家池畔蘭室

二〇二四年一月二十日修改

目録

二十世紀八十年代

二十世紀九十年代

跋

二十世紀四十年代

泛舟圖

立軸　一九四二年

紙本　設色

縱六一、橫一八點五釐米

釋文：晚荷匀翠柳匀風，檢點秋光此最工，
萬籟今宵方俱寂，一聲柔櫓月明中。
壬午中秋與覺斯泛舟湖上，
歸成此圖，以志鴻爪也。陳從周。

仿王石谷山水圖

立軸　一九四二年

紙本　設色

縱五〇點五、橫三三點八釐米

釋文：壬午十月，坐隨月樓與覺斯論畫，
見石谷有此本，覺斯甚愛之，因喜臨一過。
是日嚴寒，呵凍成此，恐百無一是，
未知覺斯以爲然否？從周。

松竹雙棲圖

立軸　一九四二年

紙本　設色

縱六五點七、橫四〇釐米

釋文：壬午臘月，與宜姐坐隨月樓閒譚，望園中所見。從周。

谿山煙雨圖

立軸　一九四六年

紙本　設色

縱七〇點六、橫三二釐米

釋文：谿山煙雨。丙戌從周涉寫米家法。

桐陰清趣圖

立軸　一九四六年

紙本　設色

縱七一、橫三二釐米

釋文：桐陰清趣。丙戌八月擬新羅莎翁從周。

蘭石圖

冊頁　一九四六年

紙本　水墨

釋文：丙戌夏初，杭人陳從周。

寒坡竹樹圖

一九四七年

紙本　設色

釋文：寒坡竹樹自蕭森，幽澗泉聲帶苦吟。
坐久不知衣袂濕，一圭山景夕嵐沉。
冬花庵詩，丁亥十二月，陳從周寫。

黄山雲煙圖

立軸　一九四七年

紙本　水墨

釋文：此亦黄山境界，峰巒起伏，雲煙變幻。石濤所謂得其情者，從周有焉。
丁亥十二月，爰題。陳從周。

補注：張大千題跋。

秋實霜禽圖

鏡片　一九四八年

紙本　設色

釋文：竹裏霜催野果紅，秋禽無語對西風。嫣香不道春間路，還與疎林爛熳通。

從周寫秋實霜禽，稚柳補竹因題，時戊子初秋。

補注：謝稚柳題跋。

臨宋人花鳥畫（伯勞修竹圖）

立軸　一九四八年

紙本　水墨

釋文：此宋人李迪本，吴興龐虚齋丈所藏。予嘗假臨之，從周又從予所臨者臨之。比之唐撫晉帖而宋刻者耶？戲爲識之。

戊子秋月，張大千爰。

補注：張大千題跋。

仕女圖（羅裙）

立軸　一九四八年

紙本　設色

釋文：羅裙香露玉釵風。靚妝眉沁綠，羞臉粉生紅。

小山《臨江仙》詞句。

戊子十月，陳從周。

山茶禽鳥圖

立軸　一九四九年

紙本　設色

釋文：丹霞皺月琱紅玉，香霧凝春翦絳綃。

戊子十一月，陳從周畫李秋君題。

采薇學友清賞　己丑七月　從周並記於隨月廔之南窗。

補注：李秋君題跋。

墨荷圖（葉上初陽）

立軸　一九四九年

紙本　水墨

釋文：葉上初陽乾宿雨，水面清圓，一一風荷舉。

片玉詞意，己丑四月，陳從周。

苔枝綴玉圖

鏡片　一九四九年

紙本　水墨

釋文：苔枝綴玉。

己丑四月，陳從周。

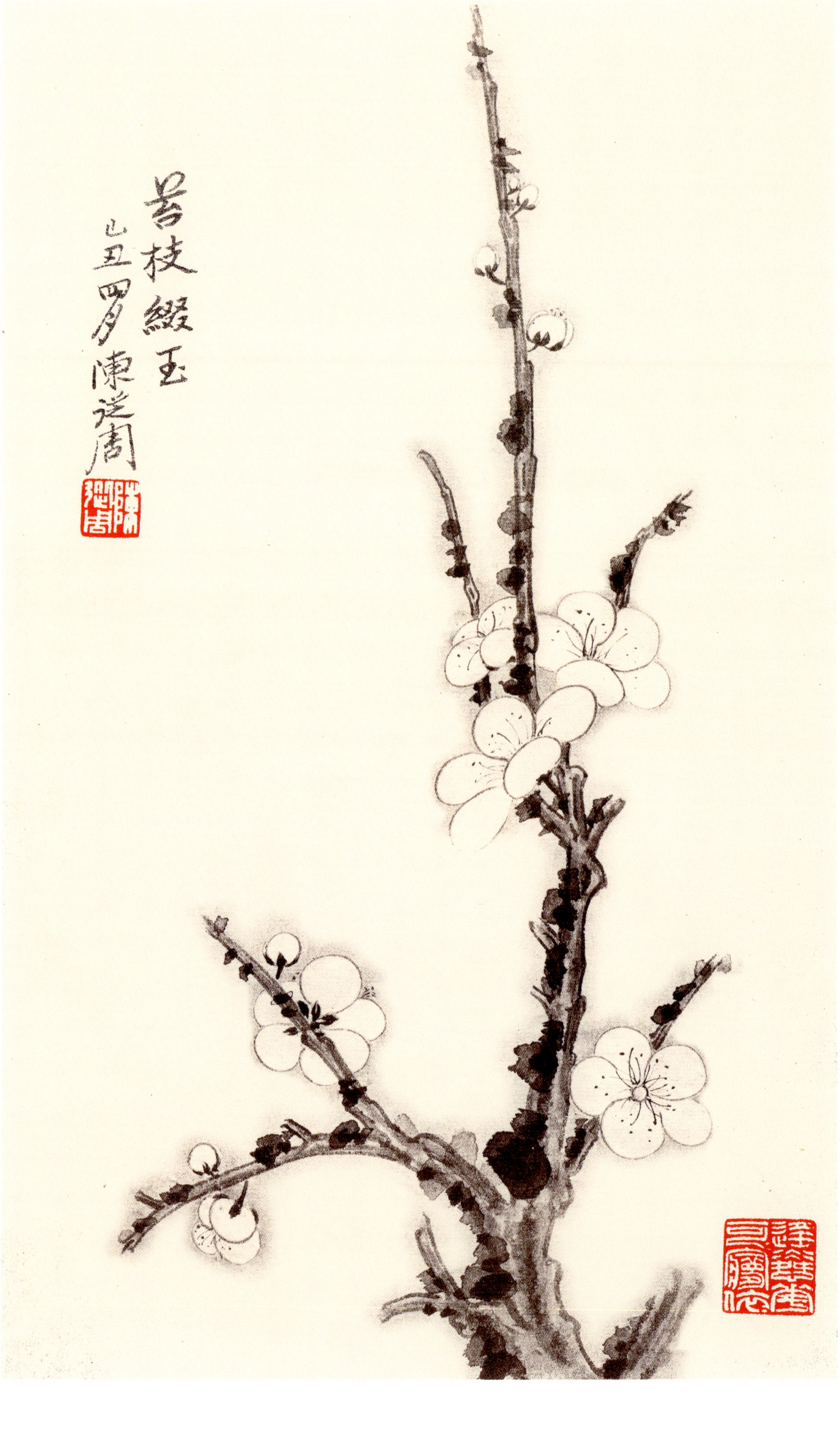
苔枝綴玉
乙丑四月陳從周

倣宋人筆寫奉
元鼎博士正 己丑陳從周

柳禽圖

立軸　一九四九年

紙本　水墨

釋文：一絲柳一寸柔情。宋人詞意。己丑四月寫，荒寒處略近新羅，陳從周。

倣宋人花鳥畫

立軸　一九四九年

紙本　水墨

釋文：倣宋人筆。寫奉元鼎博士正之。己丑，陳從周。

墨擬元人竹石圖

一九四九年

紙本　水墨

釋文：元人竹石小品，意境疏淡幽絕，最足寄我遐思也。己丑四月，得大內藏乾隆佳楮寫之，陳從周。

二十世紀五十年代

逸趣圖

鏡片　一九五〇年

紙本　設色

縱三一點五、橫三八點五釐米

釋文：庚寅六月，戲拈雲林、丹丘兩家法於約園之西樓。時風雨欲來，幾案生涼，筆墨間頓現逸趣也。莎居士陳從周。

同登壽域圖

橫片　一九五七年

紙本　設色

釋文：同登壽域。

一九五七年，同濟大學俱樂部落成寫此为祝。

陳從周試乾隆舊楮。

補注：掛在同濟大學工會俱樂部内。

墨荷圖（翠葉吹涼）

一九五七年

紙本　水墨

釋文：履安教授吾兄正之，從周。翠葉吹涼，玉容消酒。宋人姜白石詞意，年來幾度看北京昆明湖荷花，寫此記遊。陳從周，一九五七年。

小雞圖

鏡片　一九五七年

紙本　水墨

釋文：兒輩愛雞雛，老夫爲寫照，亦閒居一樂事也。一九五七年江灣同濟村中漫筆，陳從周並記。

梅竹雙禽圖

一九五九年

紙本　水墨

釋文：陳從舟、郁文華、唐雲合寫於豫園，時一九五九年九月十七日，杭人張炎夫記。

補注：張炎夫題跋。陳從舟即陳從周，下同。

二十世紀六十年代

此從周道兄舊時所作
頗具昔人風致今迅生得之
宜永寶也 沫定一題時年八十九

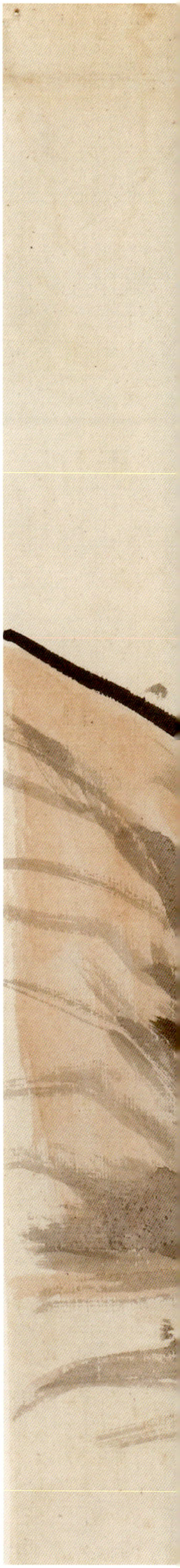

雙勾竹石圖

一九六〇年

紙本　設色

縱三〇、橫二九釐米

釋文：此從周道兄舊時所作，頗具明人風致。今迅生得之，宜永寶也。錢定一題，時年八十九。

補注：錢定一題跋。

蘭竹圖

立軸　一九六二年

紙本　設色

釋文：板橋蘭竹初師石濤，而自具風格，蓋各有其胸襟也。頻年屢客揚州，訪跡搜聞，益令人景仰前賢。壬寅秋容滿窗，寫此遺興，陳從周並記。

濟成吾兄與予曾同客揚州，見斯圖有所感，遂以奉贈，即請方家正之。從周隨月慶。

二十世紀七十年代

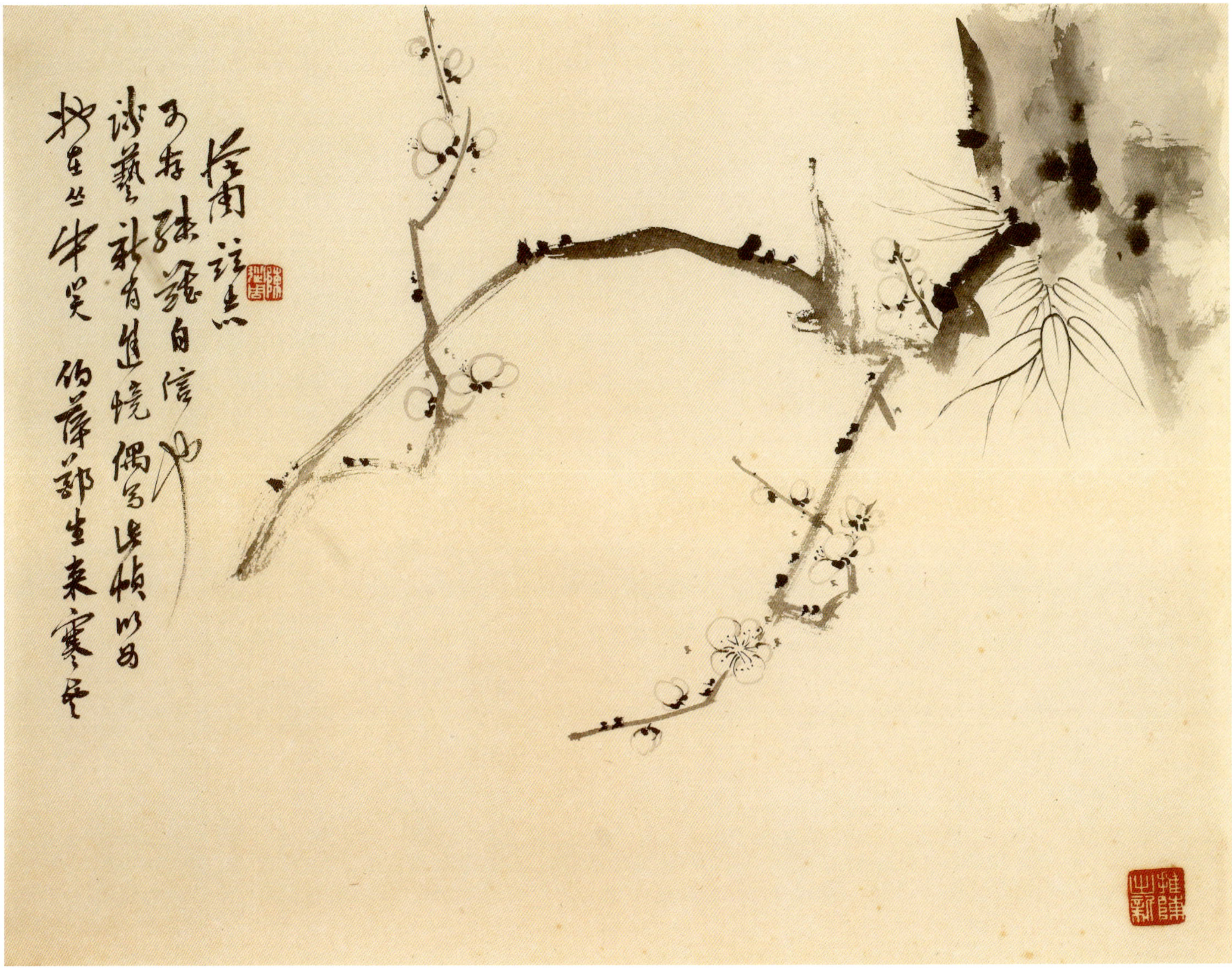

墨梅圖（她在叢中笑）

鏡片　二十世紀七十年代

紙本　水墨

縱三三五、橫四四釐米

釋文：她在叢中笑。

伯萍鄭生來寒齋談藝，新有進境，偶寫此幀以爲可存，殊難自信也。從周並志。

蘭竹石圖

立軸　二十世紀七十年代
紙本　設色
縱七六點五、橫二五釐米

釋文：伯萍老弟正之，舟寫。
補注：舟即陳從周。

松石圖

鏡片　二十世紀七十年代

紙本　設色

縱二五、橫三四釐米

釋文：伯萍弟清賞，從周寫。

石榴修竹圖

鏡片　二十世紀七十年代

紙本　設色

縱三七、橫三三釐米

釋文：梓室墨瀋。

芙蓉圖

册頁　二十世紀七十年代

紙本　設色

釋文：湜華正，從周寫。

墨荷圖

橫片　二十世紀七十年代

紙本　水墨

釋文：湜華吾兄方家正之，從周寫。

牡丹圖

册頁　一九七六年

紙本　水墨

釋文：丙辰五月，從周寫。

芙蓉圖

册頁　一九七六年

紙本　水墨

釋文：梓翁。

補注：梓翁，陳從周自稱。

菊花圖

册頁　一九七六年
紙本　水墨

釋文：從舟。

水仙圖

册頁　一九七六年
紙本　水墨

釋文：從舟畫。

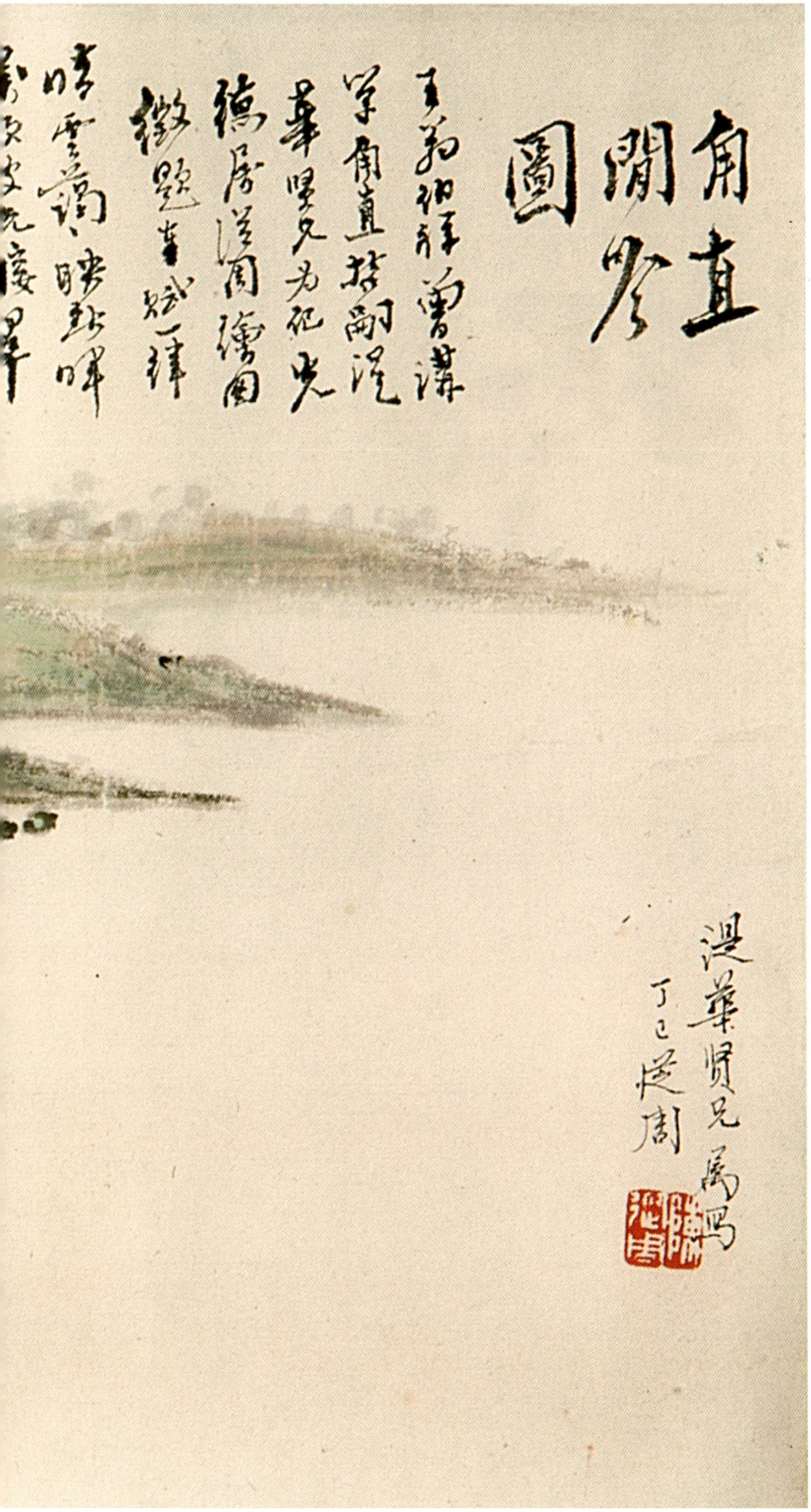

甪直閒吟圖

鏡片　一九七七年

紙本　設色

釋文：甪直閒吟圖

王翁伯祥曾講學甪直，哲嗣湜華賢兄爲記先德，屬從周繪圖徵題，奉賦一律：晴雲靄靄映秋暉，萬頃波光接翠微。初地文筆留故跡（甪直有宋構保聖寺，中羅漢傳爲楊惠所塑），高天諸佛競誰皈。講堂著述殊堪紀，嘉樹栽培已合圍。從此吴中增掌故，湖山風物未全非。丁巳春日，貞白題。湜華賢兄屬寫，丁巳從周。

補注：吕貞白題。

芙蓉圖（誰知風露）

横片　一九七七年

紙本　水墨

釋文：誰知風露清愁句，
秋後芙蓉亦牡丹。
丙辰仲夏書，
應湜華同志屬，
俞平伯。
湜華吾兄正之，
從周寫。

補注：俞平伯跋。

湜華同志屬
俞平伯
從周寫

前程無量圖

鏡片　一九七七年
紙本　設色

釋文：前程無量。七七年丁巳國慶日寫，應爭鳴吾弟之屬。梓翁從周。

墨梅圖（苔枝綴玉）

册頁　一九七七年

紙本　水墨

釋文：苔枝綴玉。

丁巳秋月仲下澣，梓翁從周客海上。

墨梅圖（歷盡冰霜）

立軸　一九七八年

紙本　設色

釋文：歷盡冰霜雨雪時，耐寒標格素心知。歲闌忽透春消息，獨占東風第一枝。

蔣内侄雨田詠梅詩，屬寫，舟畫。

補注：舟即陳從周。

墨梅圖（冰霜之操）

册頁　一九七八年

紙本　水墨

釋文：冰霜之操，穹窿之量。戊午從周。

蘭竹石圖（重遊揚州）

鏡片　一九七八年

紙本　設色

縱三四、橫六八釐米

釋文：戊午春重遊揚州，
十年一夢，回首堪驚，
余則垂垂老矣。
道南方家屬寫，
即請正之，梓翁從周。

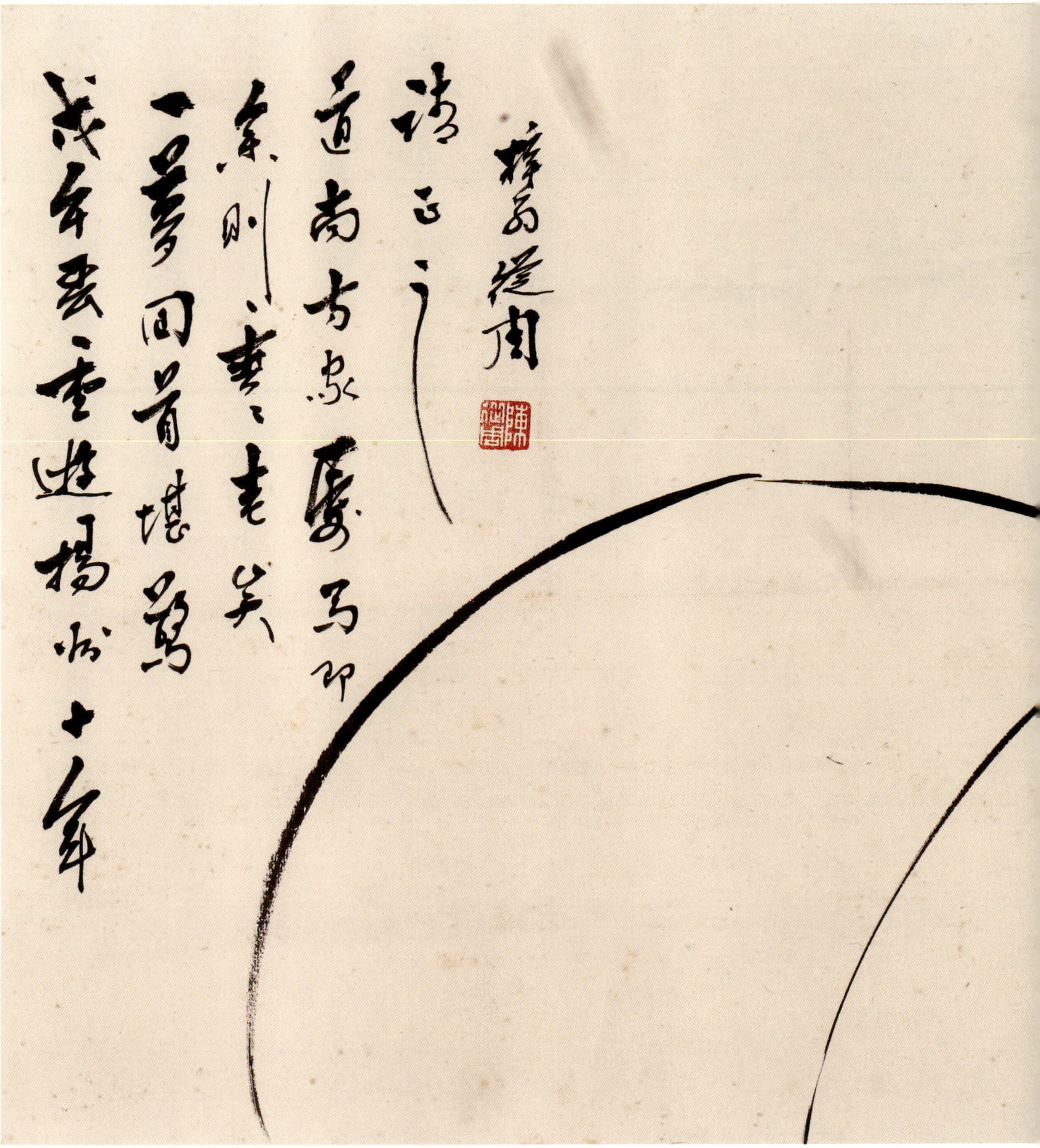

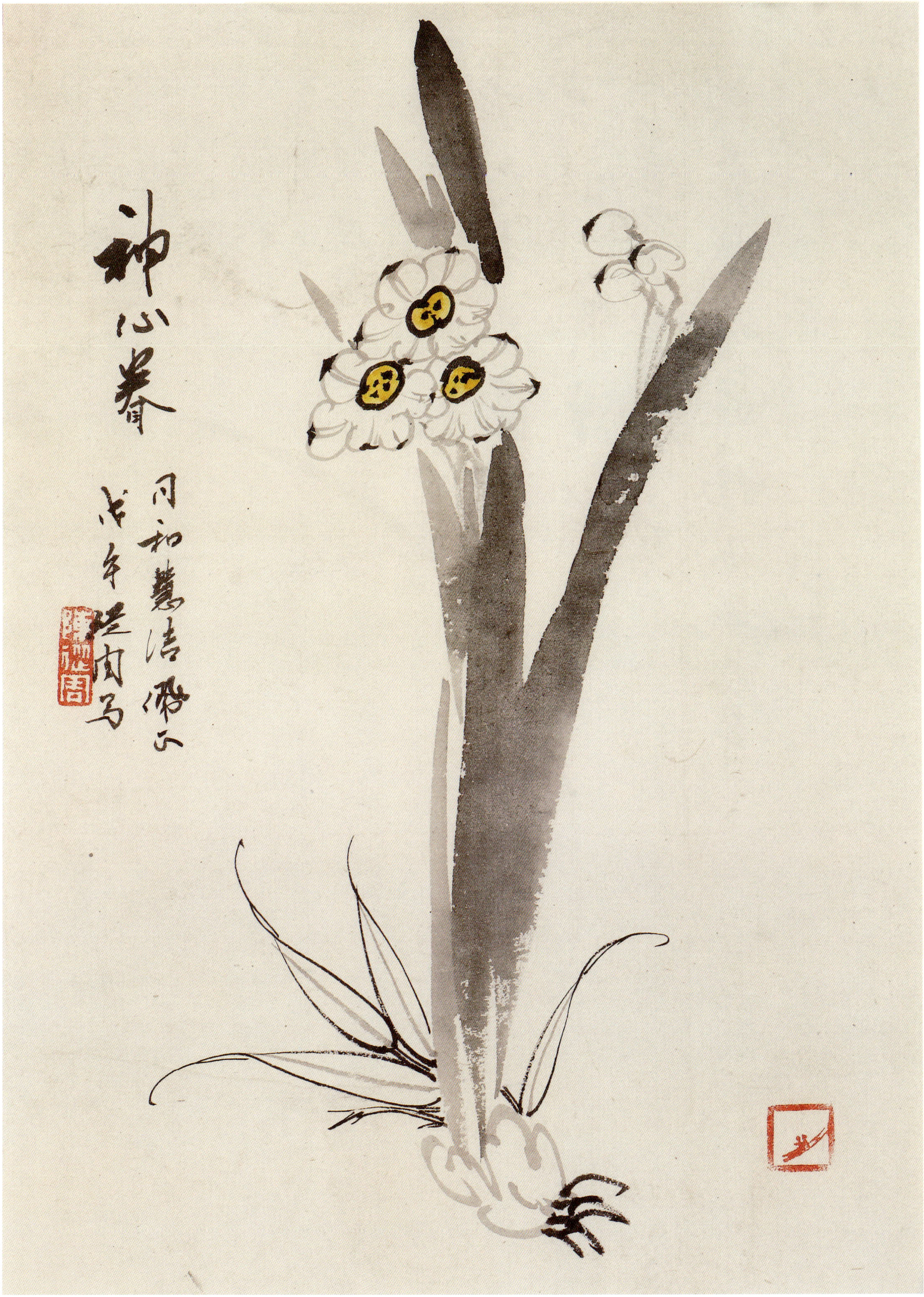

芋香圖

立軸　一九七九年
紙本　水墨

釋文：芋香。己未之春，梓翁。

水仙圖（神仙眷）

鏡片　一九七八年
紙本　設色
縱二九、横二一釐米

釋文：神仙眷。同和慧潔儷正，戊午從周寫。

墨蘭圖

鏡片　一九七九年

紙本　水墨

縱二三、橫三〇點五釐米

釋文：燕雲小友初次相識，梓翁，己未之夏。

墨荷圖（三十六陂）

立軸　一九七九年

紙本　水墨

縱六九、橫三五釐米

釋文：三十六陂人未到，水佩風裳無數。己未之夏梓翁。

清芬圖

鏡片　一九七九年

紙本　水墨

釋文：清芬。己未梓翁補壁。

二十世紀八十年代

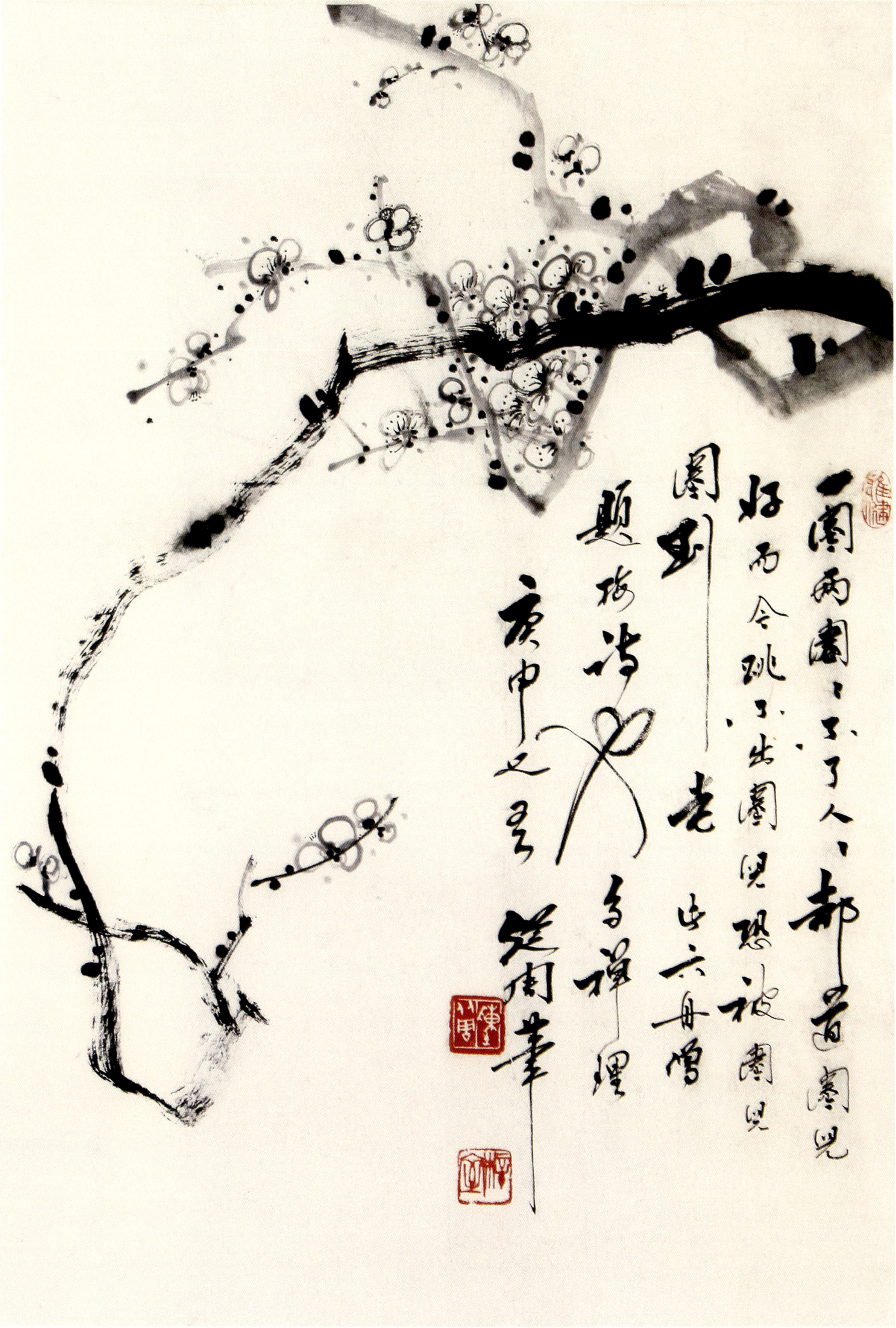

水仙竹葉圖

立軸　一九八〇年

紙本　水墨

縱三三、橫六八點五釐米

釋文：乞貌風寰陪我坐，他生來作水仙王。龔定庵句也。似燕雲存之。庚申之春日，從周。

墨梅圖（一圈兩圈）

立軸　一九七九年

紙本　水墨

縱六九、橫三五釐米

釋文：一圈兩圈圈不了，人人都道圈兒好。而今跳不出圈兒，恐被圈兒圈到老。此六舟僧題梅詩也，多禪理。庚申之春，從周筆。

芭蕉小鳥圖

立軸　一九八〇年

紙本　水墨

釋文：梓翁陳從周。

芙蓉修竹圖

立軸　一九八〇年

紙本　設色

縱三五、橫四三釐米

釋文：誰知風露清愁句，秋後芙蓉亦牡丹。庚申之二月寫。燕雲女弟正之。梓翁從周。

葡萄圖（承露）

立軸　一九八〇年

紙本　水墨

縱一三四點五、橫三三釐米

釋文：承露。庚申之夏初，燕雲赴美，臨行贈別。從周。

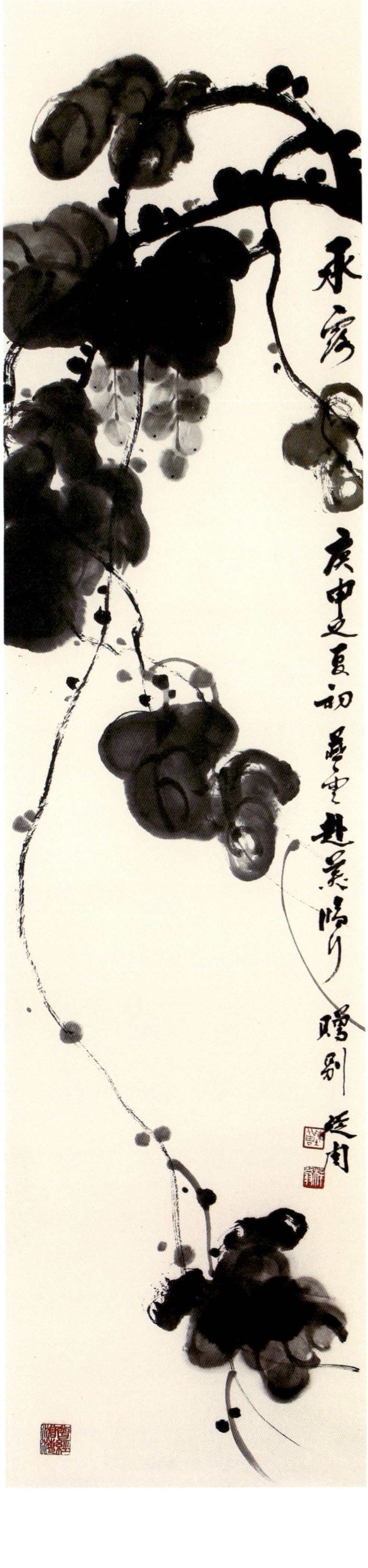

蒼松圖（畫松如寫高士）

立軸　一九八〇年

紙本　水墨

縱一六五、橫四八釐米

釋文：畫松如寫高士圖，一幹矯挺立西風。庚申大伏揮毫。梓翁從周。

四時佳景圖

立軸　一九八〇年

紙本　水墨

縱一八八、橫二九釐米

釋文：萬物静觀皆自得，四時佳景與人同。

庚申夏初道南、龍德、白雲、迅生諸君集梓室。

梓翁爲迅生弟寫之。從周老筆。

雙秀圖

扇面　一九八〇年

紙本　水墨

縱二四、橫四二釐米

釋文：雙秀。庚申之夏初，燕雲同學赴美，寫此餞行。
梓翁從周客網師園之殿春簃中。

墨梅圖（梅花是圈圈）

鏡片　一九八〇年

紙本　水墨

縱三三、横四五點五釐米

釋文：梅花是圈圈，麻子亦是圈圈。人云麻子醜，我説麻子美。因爲一樣是圈圈也。梓翁畫。

墨蘭圖（畫蘭未有功）

鏡片　一九八〇年

紙本　水墨

縱三三、横四五釐米

釋文：畫蘭未有功。韮菜燒黄蜂。老夫加把勁，彷彿陣頭風。

庚申之夏蚊大于蜂，梓老頭忍痛寫。

墨竹圖（春風又綠）

鏡片　一九八〇年

紙本　水墨

縱三三、橫四五點五釐米

釋文：春風又綠江南岸。信手畫竹，落筆脱俗。梓翁。

松竹石圖

立軸　一九八〇年

紙本　設色

縱七七、橫四一釐米

釋文：從周寫此述懷，庚申十月。道南方家正之。梓翁。

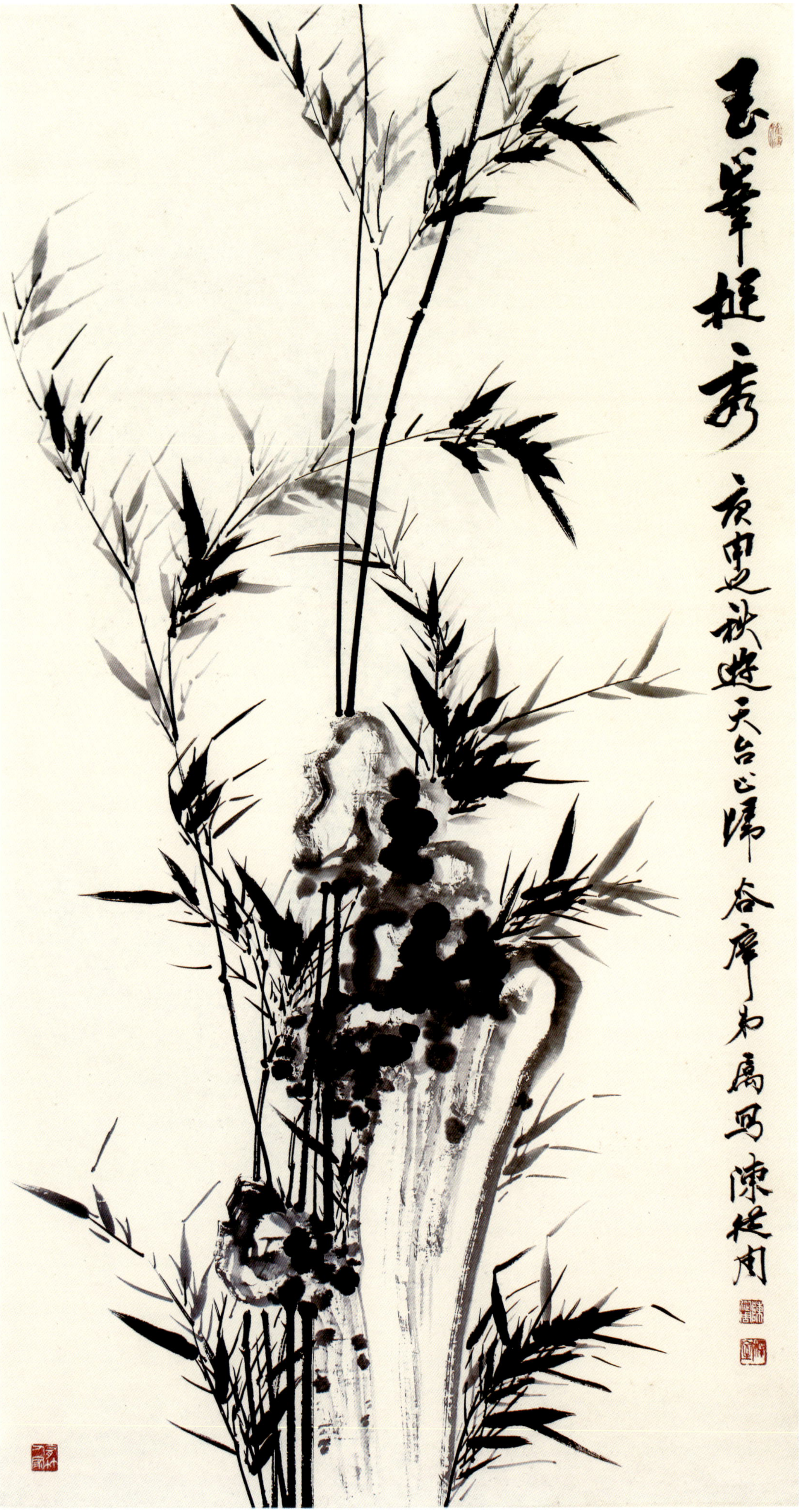

玉峰挺秀圖

立軸　一九八〇年

紙本　水墨

縱一六五、橫九一點五釐米

釋文：玉峰挺秀。庚申之秋遊天台山歸，谷庠弟屬寫。陳從周。

蒼松圖（運腕使毫）

立軸　一九八〇年

紙本　水墨

縱一三二、橫四三釐米

釋文：運腕、使毫、落墨，書畫之道。知此差可言之。從周記。庚申。

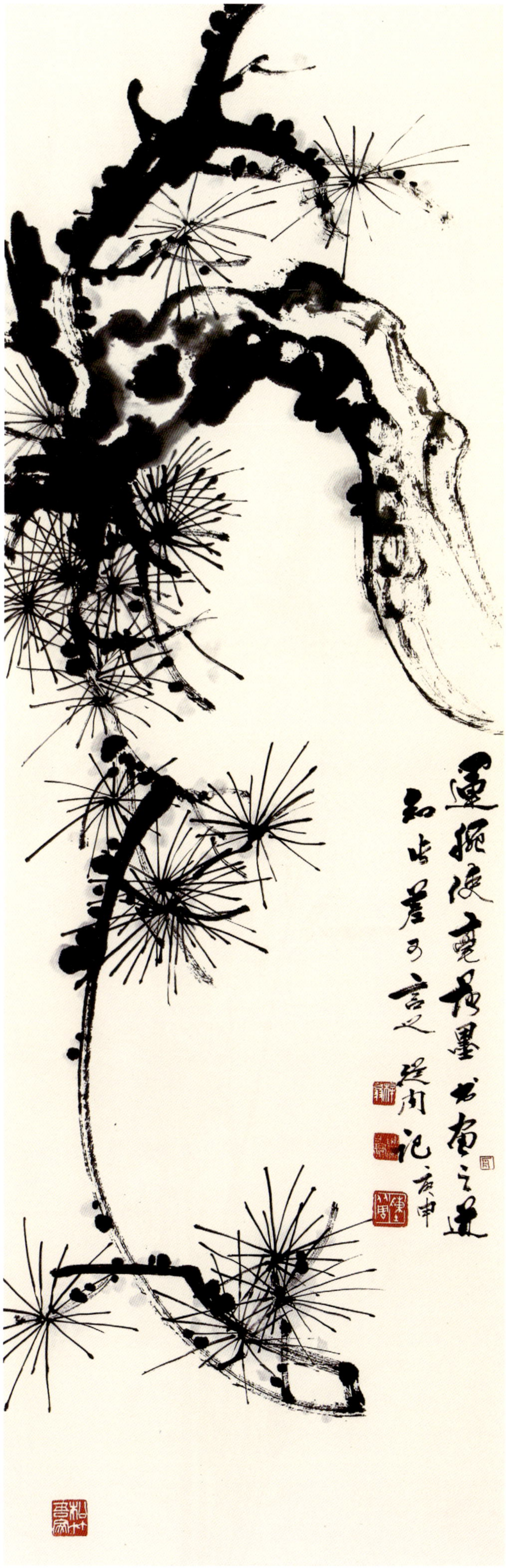

蘭竹石圖（石濤之雅健）

中堂立軸　一九八〇年

紙本　設色

縱一五〇、橫八六點五釐米

釋文：石濤之雅健，板橋之清拔，余差堪得之矣。谷庠老弟屬寫之。庚申大寒梓翁陳從周梓室揮。

墨竹圖（一窗晴翠）

立軸　二十世紀八十年代初

紙本　水墨

縱六六、橫三三釐米

釋文：一窗晴翠夢江南。梓翁從周。

清風圖

立軸　二十世紀八十年代初

紙本　水墨

縱六九、橫三五釐米

釋文：寫竹有清風，兩袖更清風。書生無俗骨，其樂自融融。迅生屬寫，梓翁從周筆。

墨竹圖（空靈重拙）

立軸　二十世紀八十年代初

紙本　水墨

縱一〇七、横二四釐米

釋文：空靈重拙，畫難到境界也。迅生解此否耶？梓翁。

葫蘆圖（聰明不易）

立軸　二十世紀八十年代初

紙本　設色

縱一一一點五、橫四五點五釐米

釋文：聰明不易，胡塗更難，老夫苦在既不聰明又不胡塗。畫此葫蘆，奈何奈何！梓翁。

畫蘭草草圖

鏡片　二十世紀八十年代初

紙本　水墨

縱二七、橫三八釐米

釋文：畫蘭草草，越畫越少。但怪時人，不解其妙。梓翁老嬾。

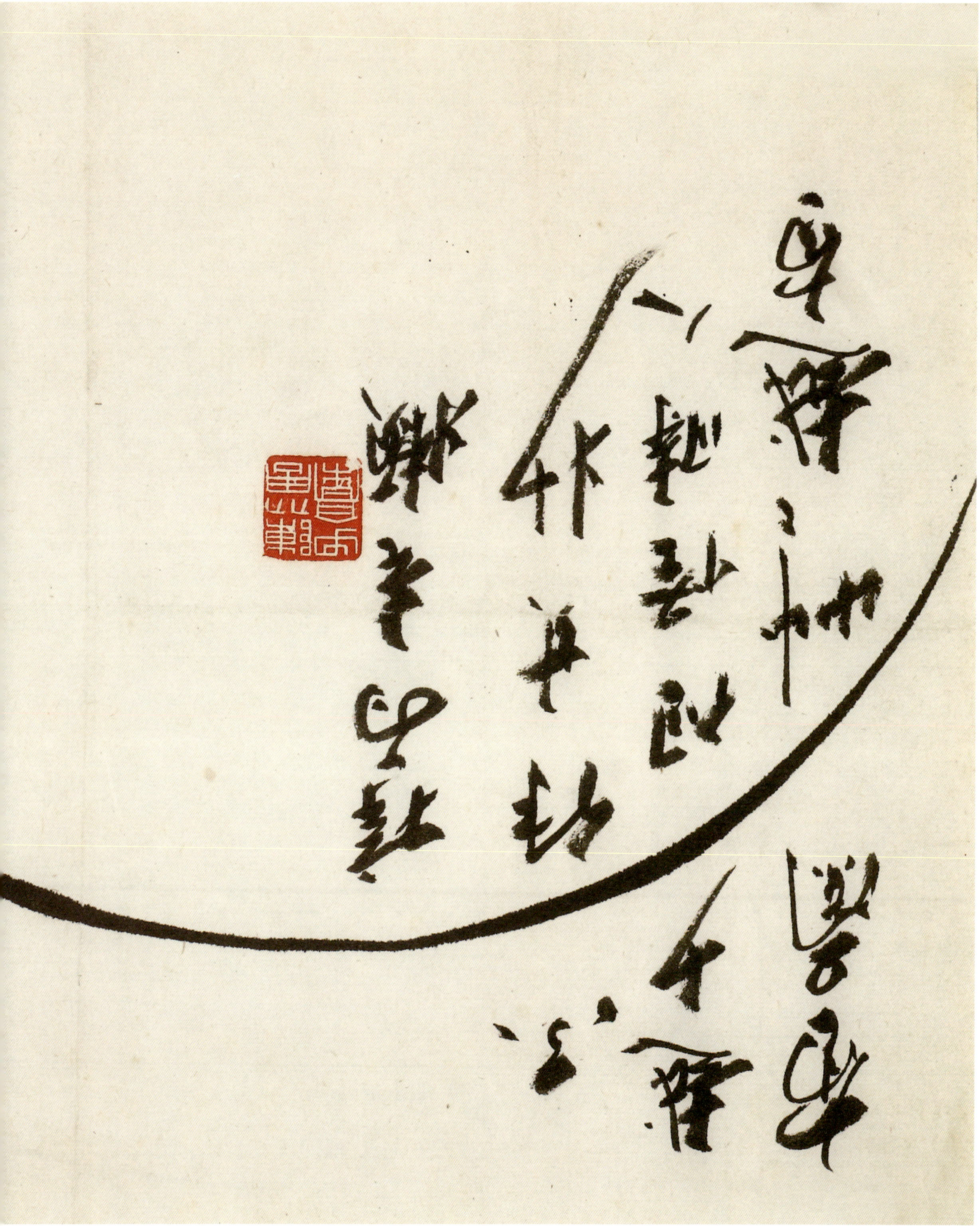

蘭芳高潔圖

鏡片　二十世紀八十年代初

紙本　水墨

縱七七、橫二四釐米

釋文：蘭芳高潔，隨世隨人。甘苦滋味，有誰解得？一窗風雨，揮此解嘈。梓翁老筆。

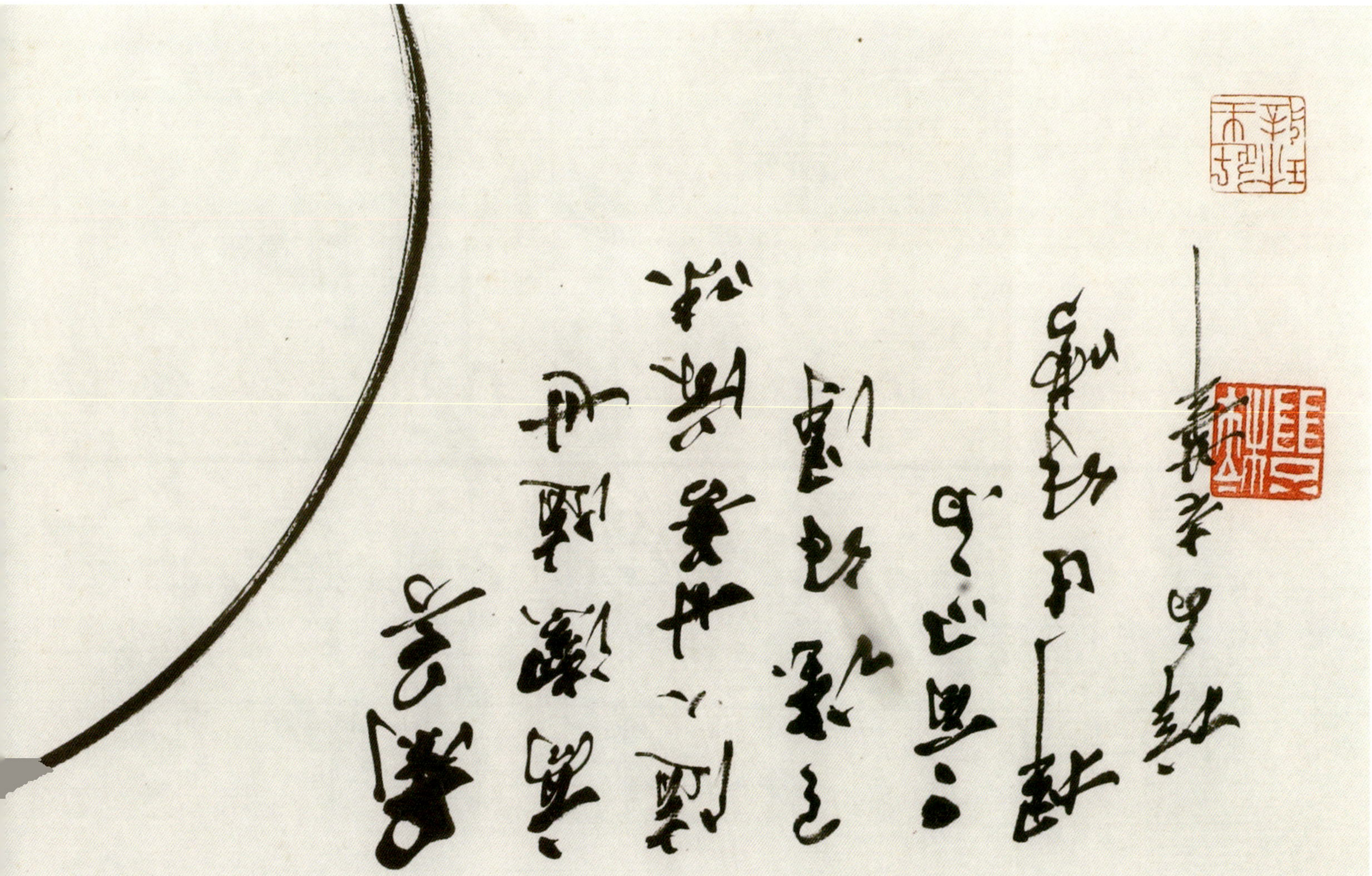

晚情圖

鏡片　二十世紀八十年代初

紙本　水墨

縱二九點五、橫四〇點六釐米

釋文：天意憐幽草，人間愛晚晴，黃花多晚節，我意倍相親。迅生屬從周畫。

秀木竹石圖

手卷　一九八一年
紙本　水墨
縱六八、橫一八釐米

釋文：余曾有論，晚明文學、書畫、戲曲，
乃同一思想境界以不同形式表現之。
欲通一藝，必旁及他端，
學方可成，迅生勉之。
辛酉歲除，梓室聽雪，
來年豐碩在望。
從周六十四歲記。

溪山好處憶同遊，
前度劉郎興未休。
淮左名園歸腕底，
二分明月在揚州。
半醉半醒縈客夢，
亦癡亦慧說維揚。
自慚筆墨非名跡，
收拾殘篇續畫舫。
辛酉之歲除，
余著《揚州園林》適付梓，
以二詩貽門人石君迅生存之。
梓翁陳從周。

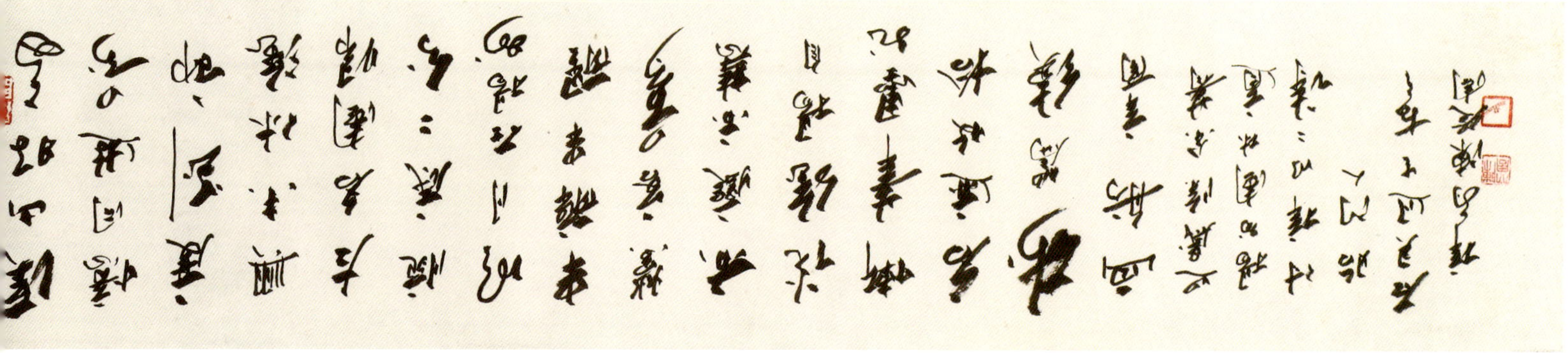

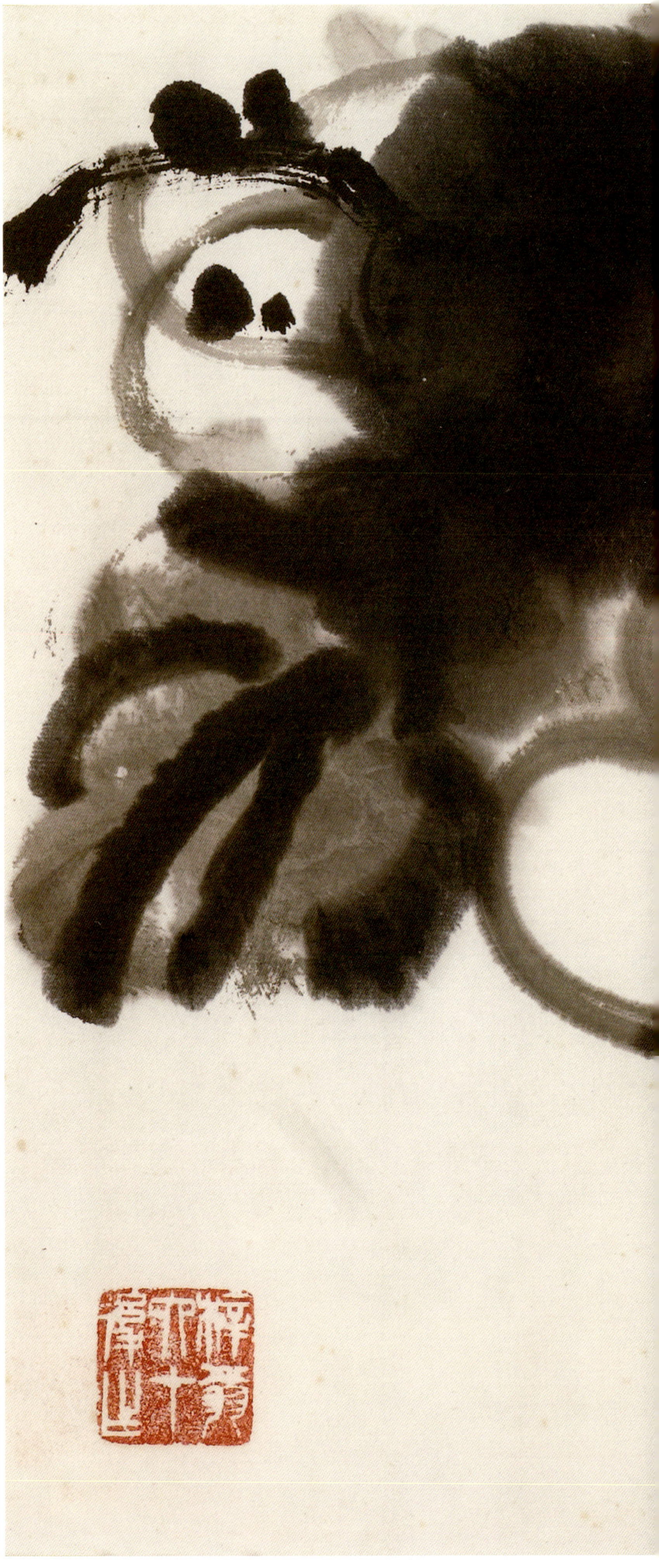

胡塗圖

鏡片　二十世紀八十年代初

紙本　水墨

縱二八、橫三五釐米

釋文：胡塗。從周筆。

朱竹圖

立軸　一九八一年
紙本　設色
縱一四二、橫四〇點五釐米

釋文：辛酉新春，谷庠弟來，晴窗展箋，以乾隆貢朱寫此雙竿。寄燕芸美國一粲。梓翁從周揮成之。

墨梅圖（東風第一枝）

立軸　一九八一年

紙本　水墨

縱八四、橫四〇釐米

釋文：東風第一枝。迅生老弟，辛酉春節，梓翁從周筆。

桐橋倚櫂圖

立軸　一九八一年

紙本　水墨

釋文：虎丘雲巖寺塔久殘。

解放後余首登其上，

而此縹緲之境唯于實外求之也。

湜華屬寫，辛酉從周。

芭蕉竹葉圖

立軸　一九八一年

紙本　水墨

縱八三、橫三四釐米

釋文：最是鄉誼忘不得，平生拜倒在天池。迅生越人也屬。辛酉從周。

朱梅圖（東風第一枝）

立軸　一九八一年

紙本　設色

縱一四二、橫四〇點五釐米

釋文：東風第一枝，燕雲女弟一粲。梓翁從周。辛酉新歲晴窗，試乾隆舊朱寫。梓翁歡喜。

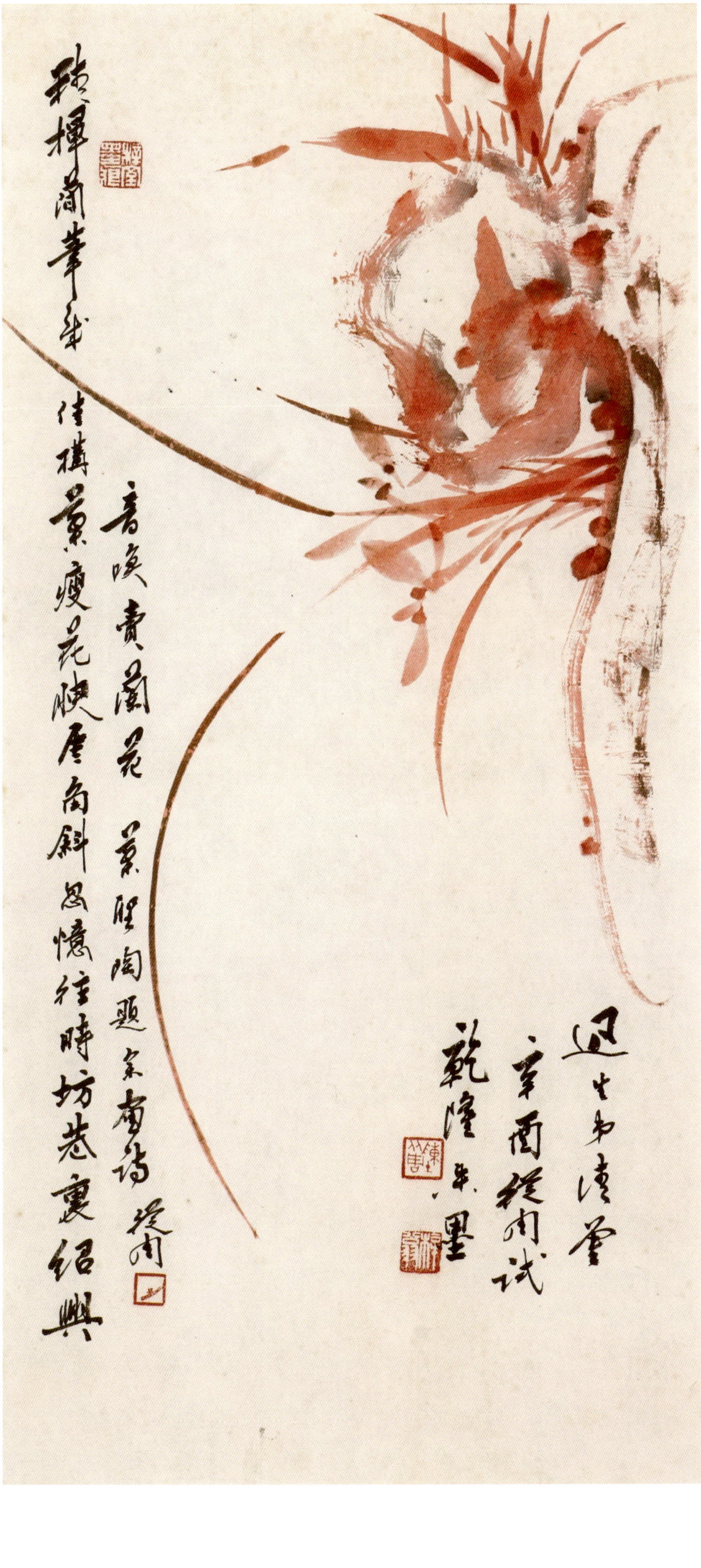

朱砂蘭竹石圖

立軸　一九八一年

紙本　設色

縱六九、横三三釐米

釋文：精揮簡筆成佳構，葉瘦花胦屋角斜。忽憶往時坊巷裏，紹興音喚賣蘭花。葉聖陶題余畫詩。從周。迅生弟清鑒。辛酉從周試乾隆朱墨。

朱石墨蘭圖

立軸　一九八一年

紙本　設色

縱七一點一、横四〇點五釐米

釋文：燕雲去國，時切遐思。寫此幽蘭，衍芬四方。辛酉新春，從周試乾隆朱墨。

緑天圖

立軸　一九八一年

紙本　水墨

縱五九、橫四九釐米

釋文：畫貴有我，無我方有我，佛即是心，心即是佛。寫此緑天龍華補壁。辛酉之秋，梓翁無寺僧從周筆。

墨竹圖（西子廣陵）

立軸　一九八一年

紙本　水墨

釋文：西子廣陵隔水遥，姻緣墨使兩情饒。何曾八怪專前美，我拜今朝鄭板橋。

道南詩贈報喻蘅題拙畫。從周。辛酉歲除，朝暉盈窗，道南周君來以新詠見示，揮毫寫此。

梓老老興不淺也。從又記。

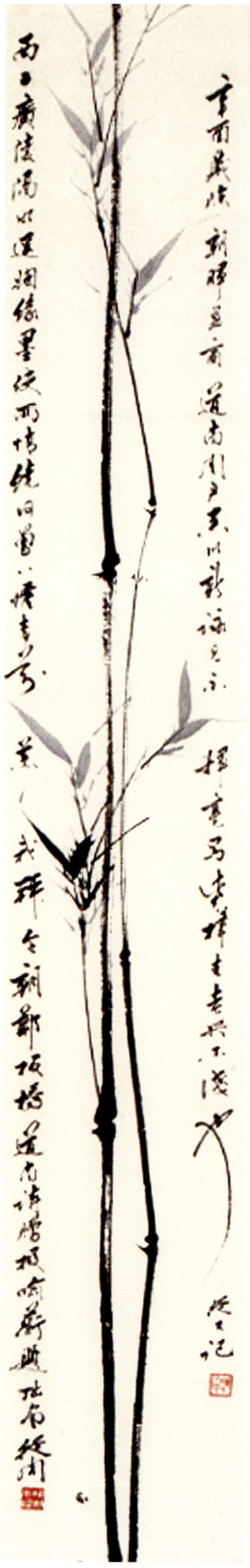

黄花晚節香圖

鏡片　一九八一年

紙本　設色

釋文：黄花晚節香。辛酉之春，學禮屬寫，即與漪侄伉儷同賞之。梓翁從周老筆于海上同濟學舍村樓。

黄花晚節香

墨竹圖（雖然高下）

鏡片　一九八一年

紙本　水墨

釋文：雖然高下分濃淡，總是新篁得意時。馨女索畫。辛酉之夏，梓翁從周老筆。

瀟湘一角圖

鏡片　一九八一年

紙本　水墨

釋文：道南吾兄正，從周，八一國慶。

墨竹圖（素壁題詞）

册頁　一九八二年

紙本　水墨

釋文：素壁題詩我未能，萬山深處玉樓成。移來竹影當窗照，一幅揚州二月春。聿銘老兄香山飯店成爲賦。從周。

補注：爲貝聿銘設計的香山飯店落成而賦。

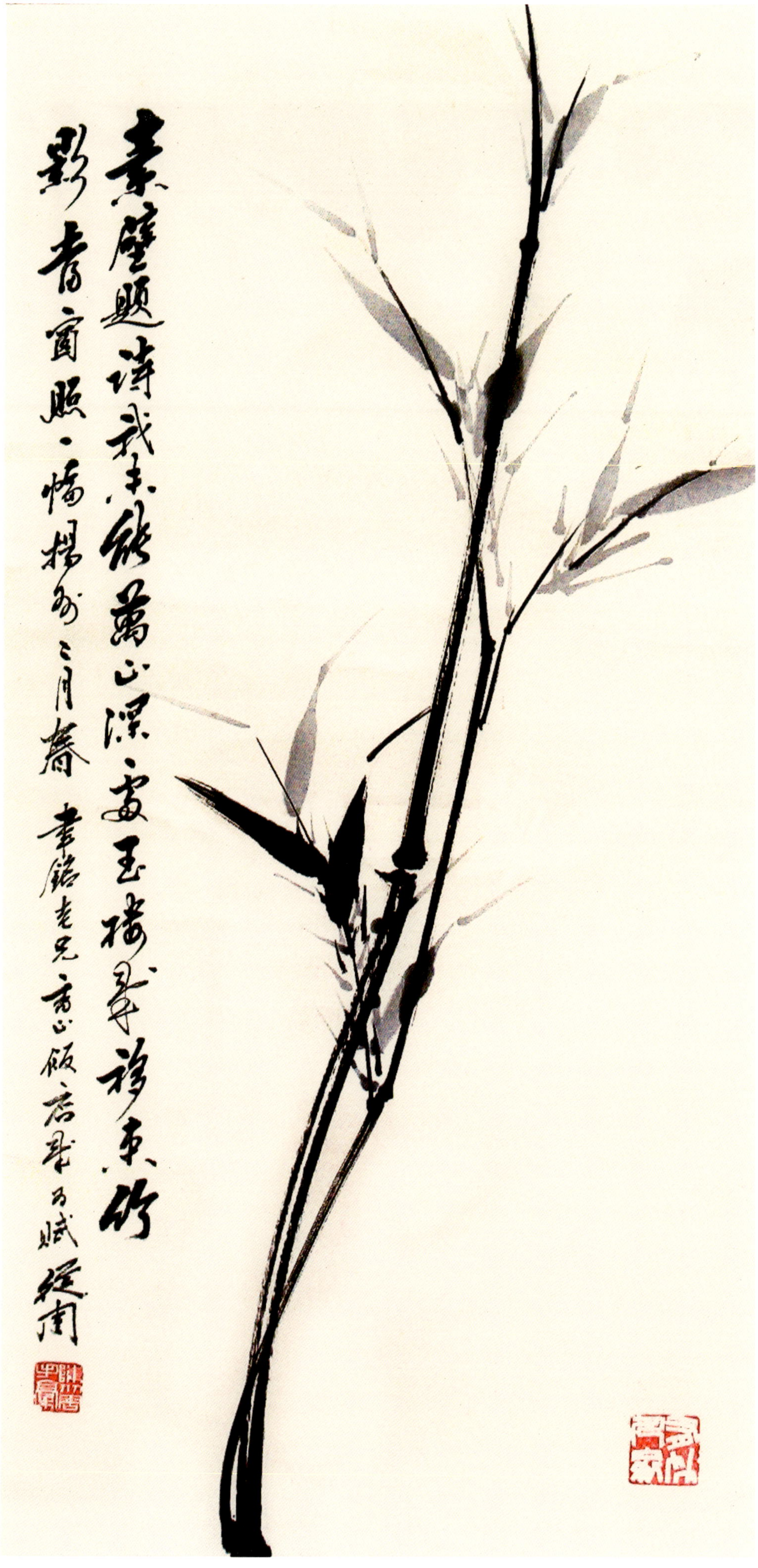

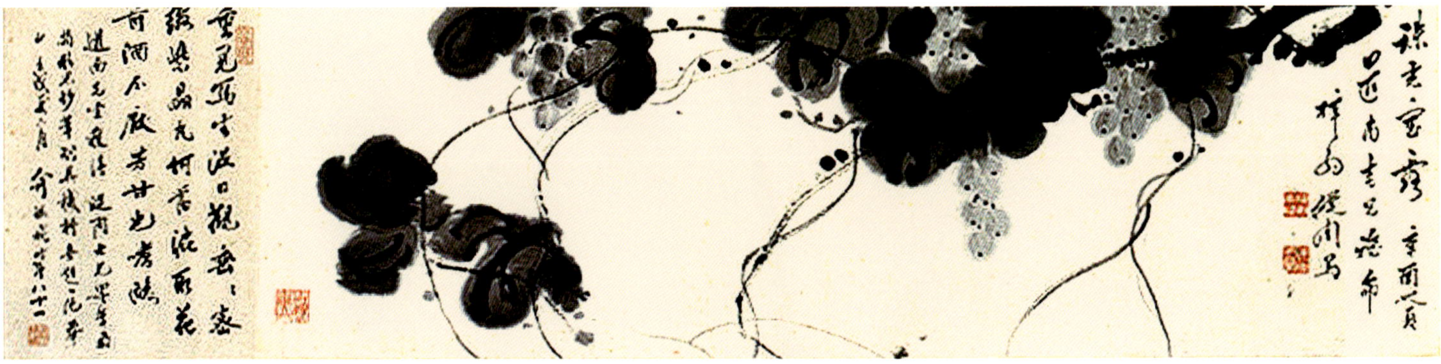

墨葡萄圖（珠光寶露）

橫片　一九八二年

紙本　水墨

釋文：珠光寶露。辛酉之夏，道南老兄雅命，梓翁從周寫。

重見寫生温日觀，垂垂密綴紫晶丸。何當灑取花前酒，不厭芳甘也嗜酸。道南先生獲得從周老兄墨筆葡萄，精思妙筆，別具機杼。喜題一絶奉正。壬戌夏六月，俞振飛時年八十一。

補注：俞振飛跋。

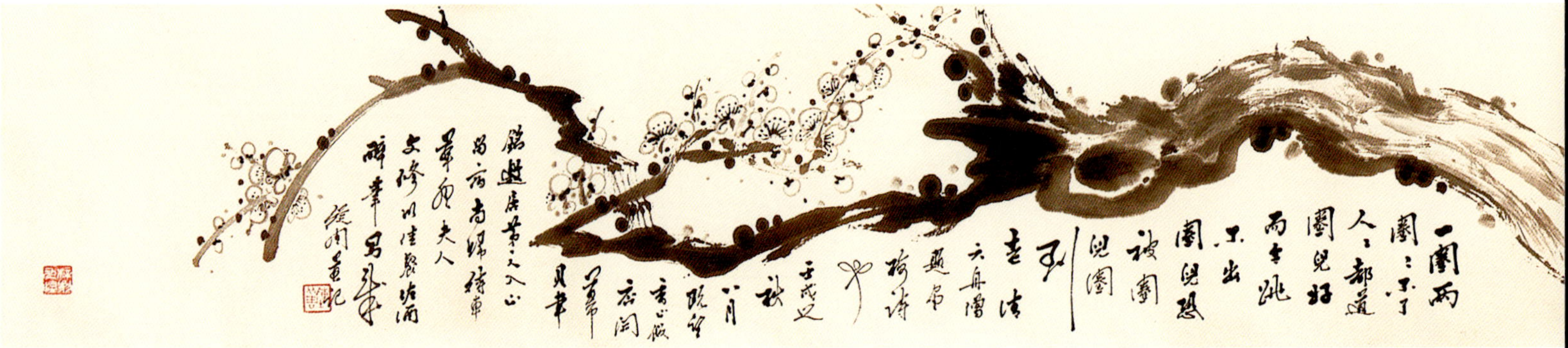

墨梅圖（一圈兩圈）

橫片　一九八二年

紙本　水墨

釋文：一圈兩圈圈不了，人人都道圈兒好。而今跳不出圈兒，恐被圈兒圈到老。清六舟僧題畫梅詩也。壬戌之秋八月既望，香山飯店開幕，貝聿銘邀居，第一人入山留宿，當歸待車，華登夫人文修以佳餐佐酒，醉筆寫成。從周並記。

補注：香山飯店落成，應貝聿銘之邀，宿香山飯店而作。

雙松永壽友誼長青圖

册頁　一九八二年

紙本　水墨

釋文：雙松永壽，友誼長青。壬戌中秋，卡斯滕斯總統暨夫人正之。同濟大學屬，陳從周畫贈。

補注：同濟大學贈德國總統卡斯滕斯之禮物。

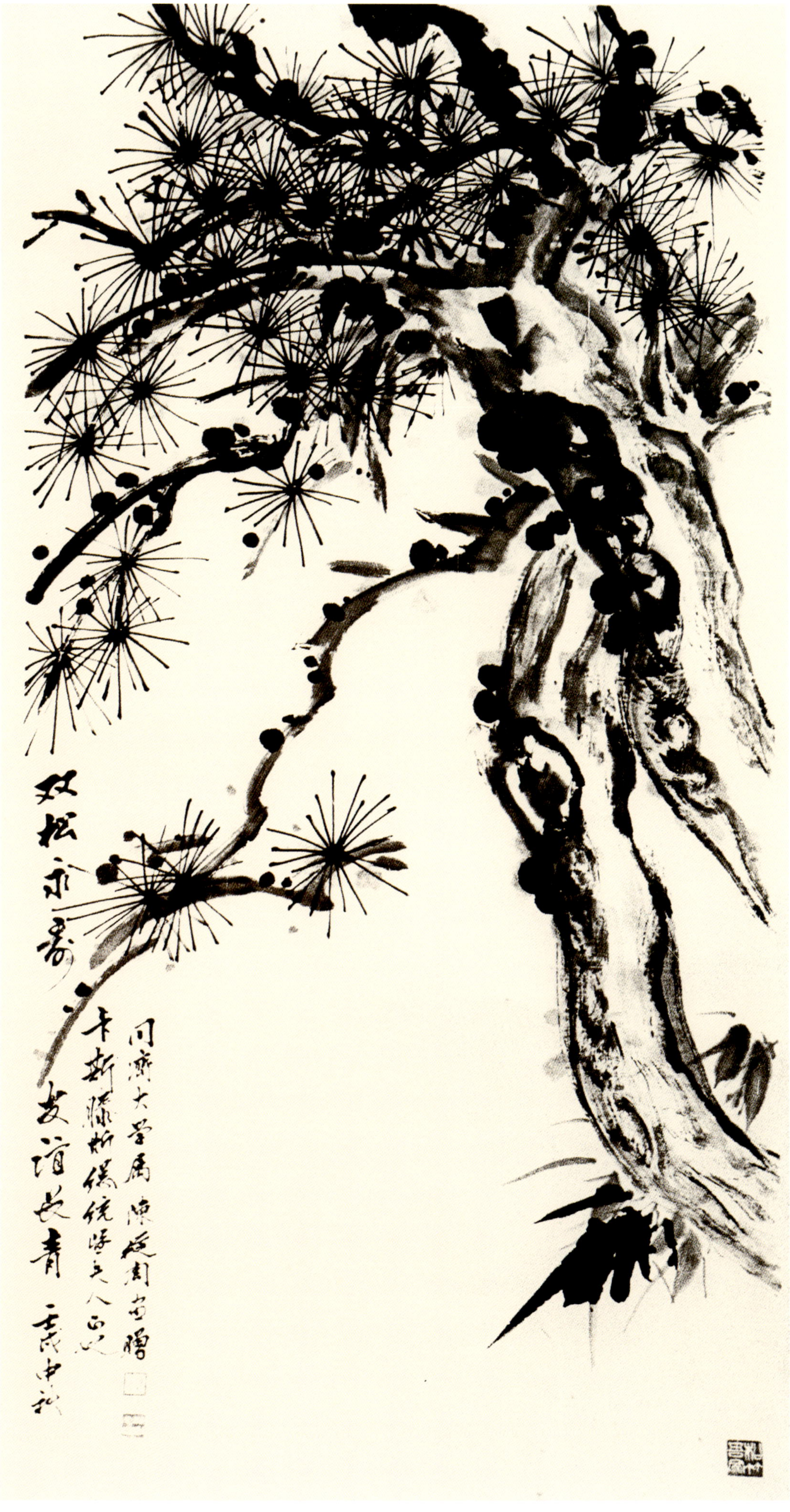

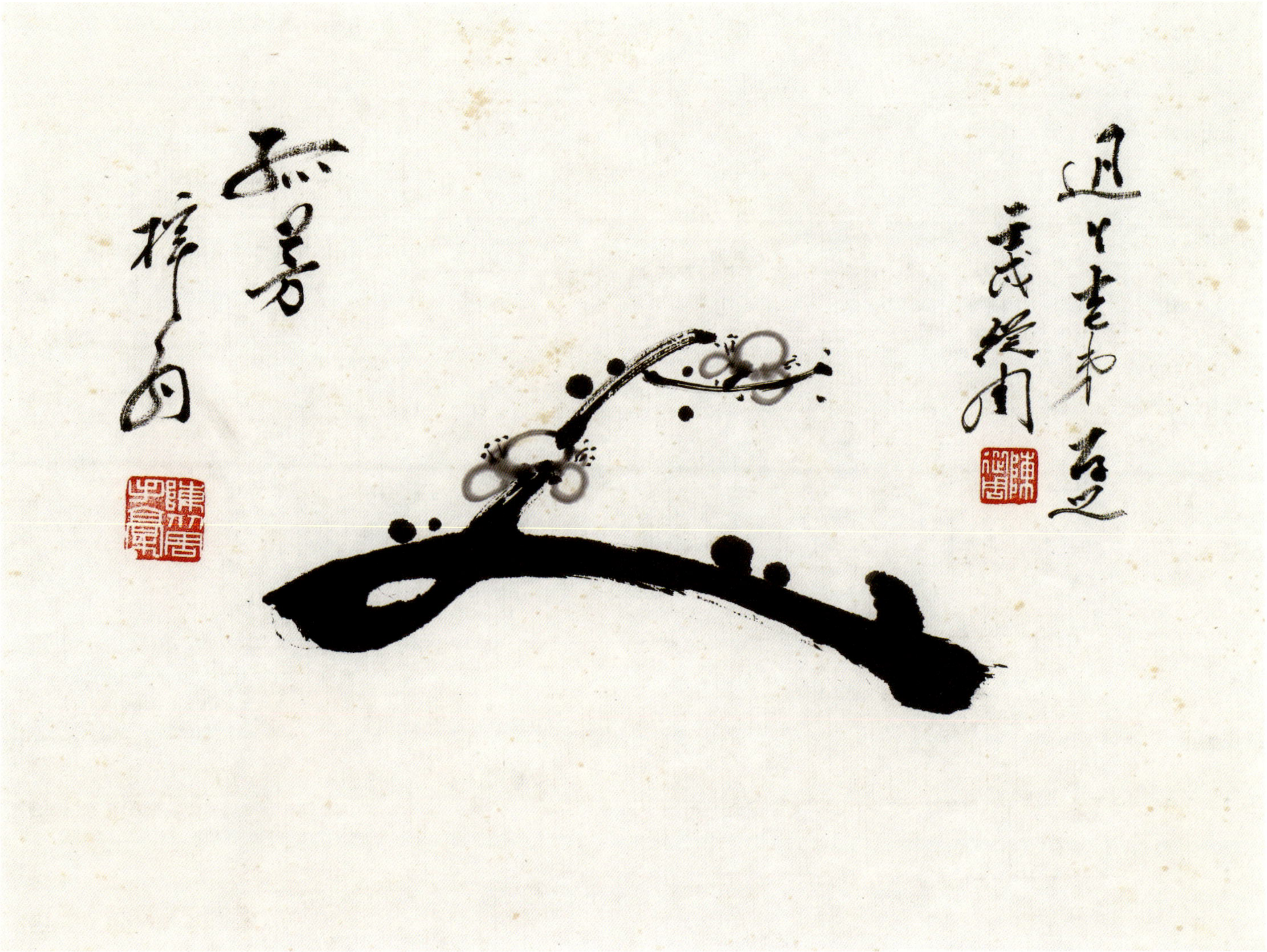

孤芳圖

册頁　一九八二年
紙本　水墨

釋文：孤芳。梓翁。迅生老弟存之，壬戌從周。

補注：陳從周抒懷八圖：梅、蘭、竹、菊、松、芭蕉、水仙、靈芝，此爲八圖之一。原八圖之後有題記。因本册只選繪畫，不選書法，故將題記附後：

壬戌之秋七月既望，爲同濟大學諸生授造園課，講杜詩『性移無灑掃，隨意坐莓苔』句。午倦初回，迅生持素箋來，信手塗之成此八圖，聊寫老懷耳。梓翁從周並記，時年六十五歲。

如來之相圖

册頁　一九八二年
紙本　水墨
縱二五、横三四釐米

釋文：如來之相，從周合十。
補注：此爲八圖之二。

滴翠圖

册頁　一九八二年

紙本　水墨

縱二五、横三四釐米

釋文：滴翠。梓翁。

補注：此爲八圖之三。

秋容圖

册頁　一九八二年

紙本　水墨

縱二五、橫三四釐米

釋文：秋容。從周。

補注：此爲八圖之四。

師徒之間圖

册頁　一九八二年
紙本　水墨
縱二五、橫三四釐米

釋文：師徒之間，相依爲命。梓翁。
補注：此爲八圖之五。

綠天圖

册頁　一九八二年

紙本　水墨

縱二五、横三四釐米

釋文：綠天。從周。

補注：此爲八圖之六。

淩波圖

册頁　一九八二年
紙本　水墨
縱二五、横三四釐米

釋文：淩波。從周。
補注：此爲八圖之七。

神仙之芝圖

冊頁　一九八二年

紙本　水墨

縱二五、橫三四釐米

釋文：神仙之芝，願祝長生。壬戌之秋，從周。

補注：此爲八圖之八。

胡塗一生圖

册頁　一九八二年
紙本　水墨
縱二五、横三四釐米

釋文：胡塗一生。從周。

竹葉青圖

册頁　一九八二年

紙本　水墨

縱二五、横三四釐米

釋文：竹葉青。梓翁。

清逸圖

鏡片　一九八二年

紙本　水墨

縱三二、橫四八釐米

釋文：清逸。壬戌從周。

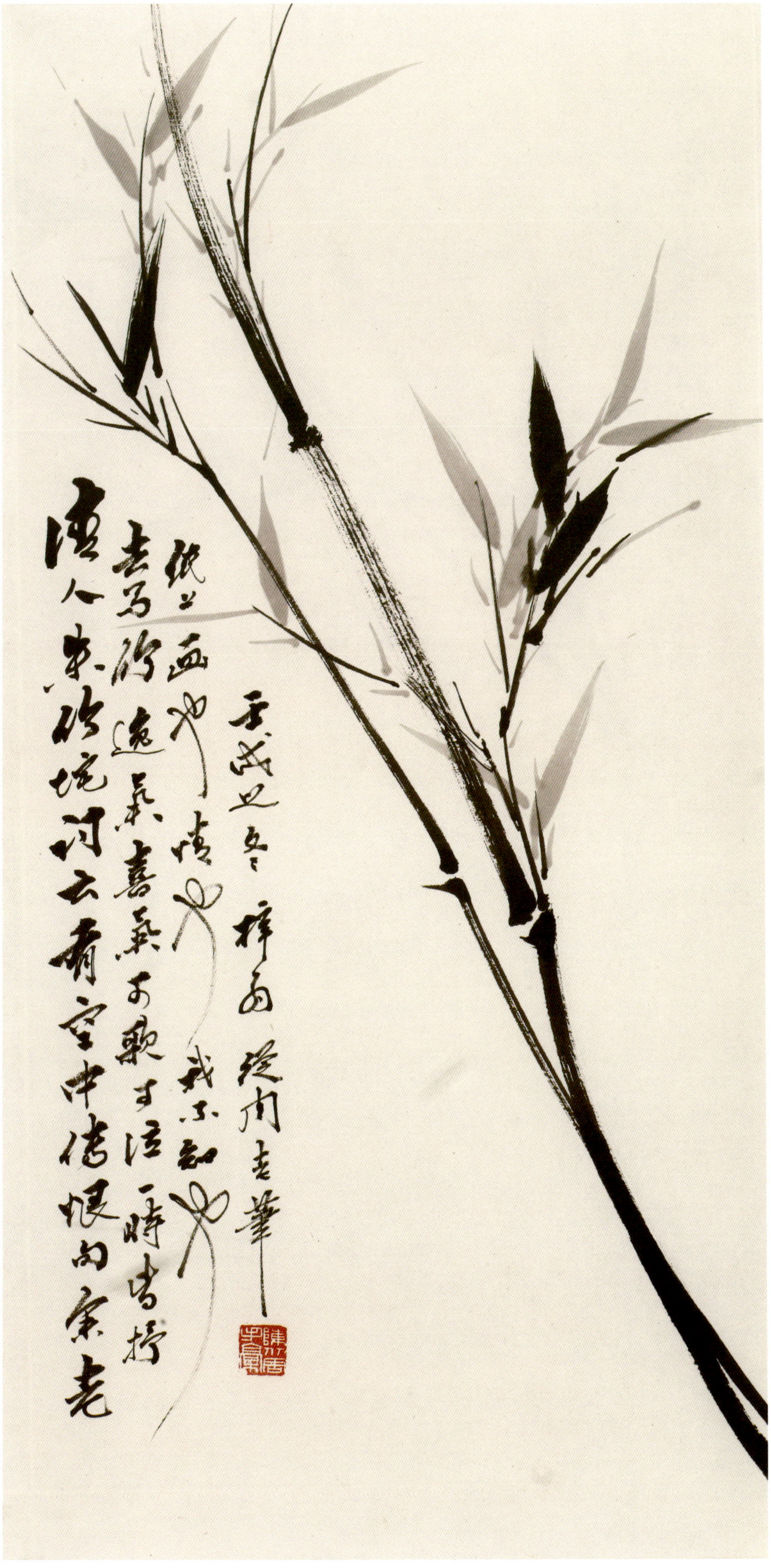

風竹圖

册頁　一九八二年

紙本　水墨

縱七〇、横三四釐米

釋文：清人朱竹垞詞云有『空中傳恨』句，余老去寫竹，逸氣喜氣，可歌可泣，一時皆抒紙上。畫也，情也，我不知也。壬戌之冬梓翁從周老筆。

水墨竹石圖

立軸　一九八二年

紙本　水墨

縱六九、橫三三釐米

釋文：畫石掇石，謂我石師。隨世沉浮，實則無知。迅生侍几席，漫成付之。壬戌從周。

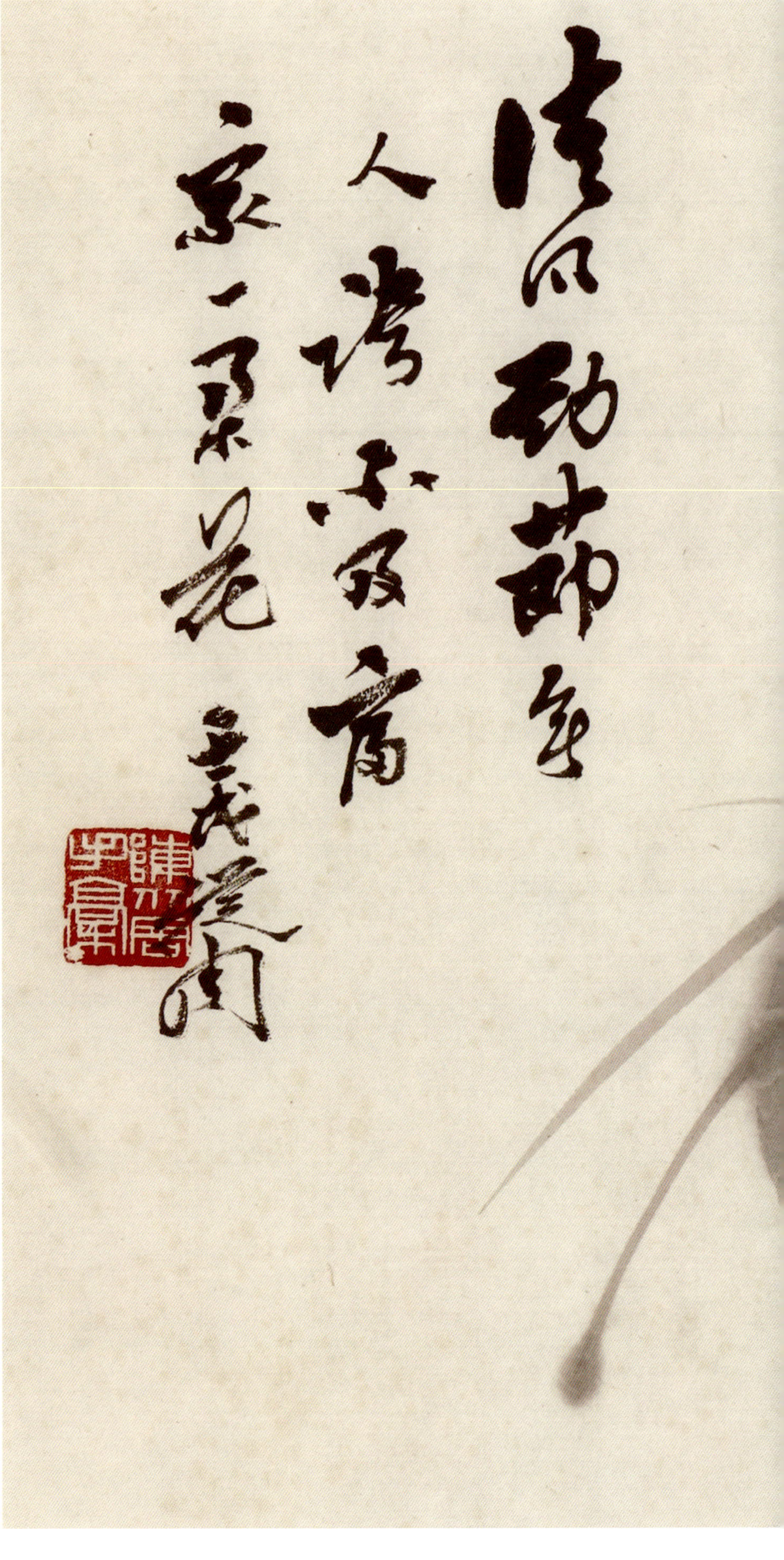

墨竹圖（清風勁節）

鏡片　一九八二年

紙本　水墨

縱二九、橫三八釐米

釋文：清風勁節無人誇，
不及富家一朵花。
壬戌從周。

山映斜陽圖

鏡片　一九八三年

紙本　水墨

縱一七、橫三八釐米

釋文：山映斜陽天接水，
芳草無情，更在斜陽外。
爲迅生寫。癸亥從周。

山映斜陽天接水芳艸無情更
在斜陽外 為迅生寫 癸亥衡恪
陳

墨竹圖（多即是少）

立軸　一九八三年

紙本　水墨

縱一〇五、橫二三釐米

釋文：多即是少，少即是多。竹葉千萬，畫此寥寥。俗人見之，以爲可笑。老夫興至，實寫無聊。從周。

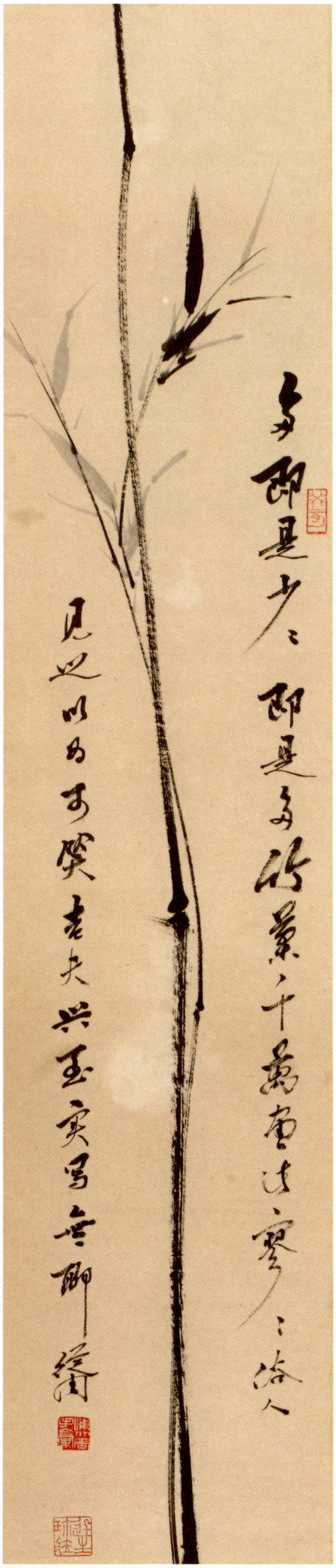

墨葡萄圖（一庭風露）

立軸　一九八三年

紙本　水墨

縱八九、橫二四釐米

釋文：一庭風露洗清秋。癸亥之春，迅生老弟屬寫。梓翁從周。

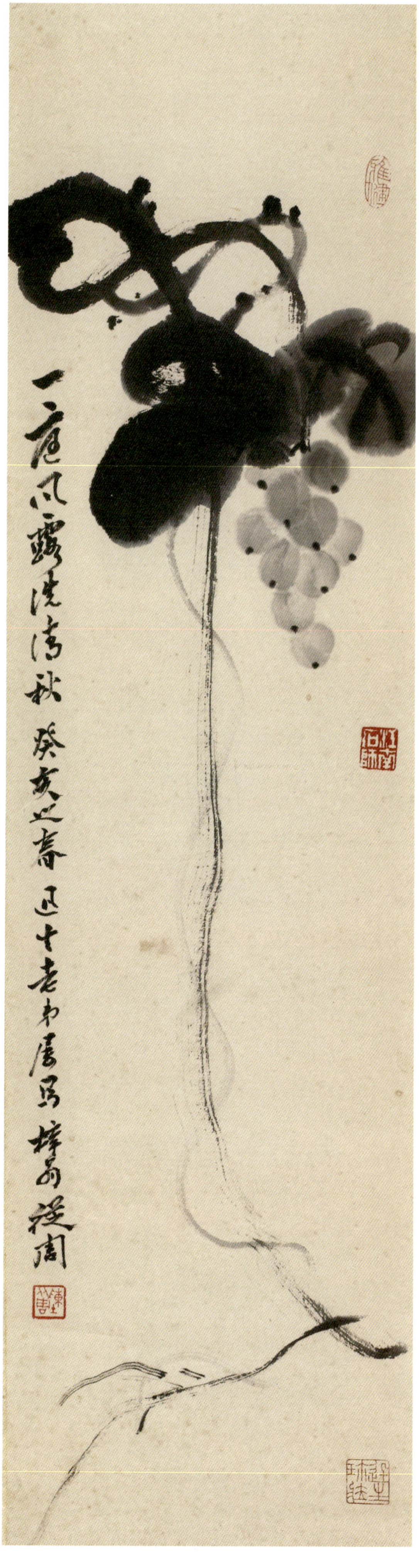

墨竹圖（一雨成秋）

橫幅　一九八三年

紙本　水墨

縱一四、橫八九釐米

釋文：一雨成秋，清齋揮毫。似門人迅生石弟留。從周。

墨蘭圖（畫貴有我）

立軸　二十世紀八十年代

紙本　水墨

縱六九、橫四〇釐米

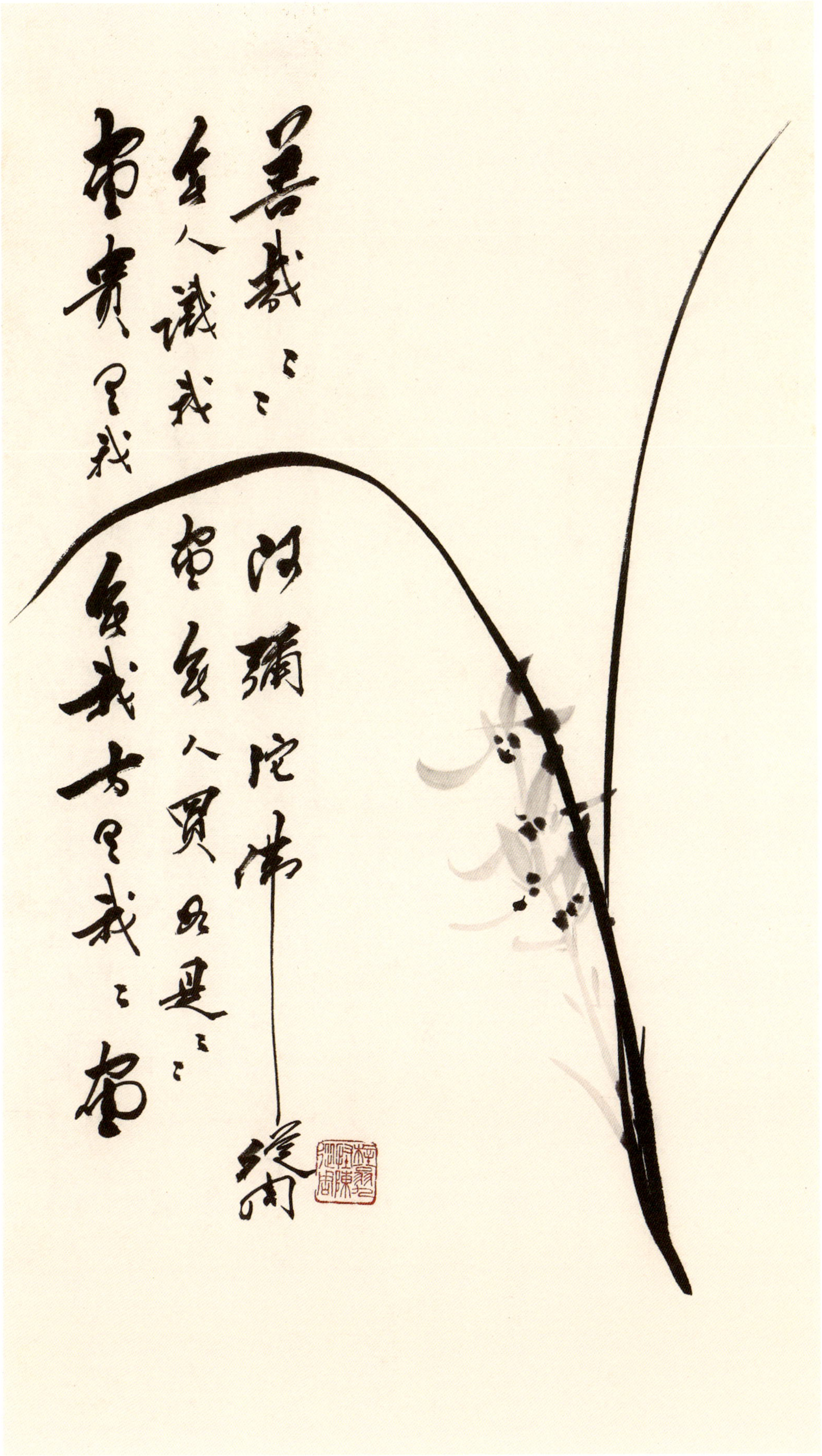

釋文：畫貴有我，無我方有我。我畫無人識，我畫無人買。如是如是，善哉善哉，阿彌陀佛。從周。

墨葫蘆圖（一年胡塗）

立軸　一九八三年

紙本　水墨

縱七〇、橫三二釐米

釋文：一年胡塗又秋風，大運何時處處通。種得葫蘆誰得要，輸他腹大眼漫紅。迅生屬畫，隨手寫來，隨手畫來，隨口吟來。馬馬虎虎，遊戲人間，不值半文。癸亥九月梓翁。

墨竹圖（板橋有詩）

扇面　一九八三年

紙本　水墨

縱九、橫一六釐米

釋文：板橋有詩：要知畫法通書法，蘭竹如同草隸然。蓋書畫同源也。奈何此種立論漸罕爲人知。迅生望勿等閒視之。癸亥秋將北行倚裝寫。梓翁。

延年益壽圖

立軸　一九八三年

紙本　設色

縱七〇、橫三二釐米

釋文：延年益壽。道南六秩華誕之祝。從周。

墨竹圖（孤姿獨秀）

立軸　一九八四年

紙本　水墨

縱六八、橫三一釐米

釋文：孤姿獨秀悠然我，未必牆陰便了生。甲子春寒料峭，梓室寫此閒興。從周。

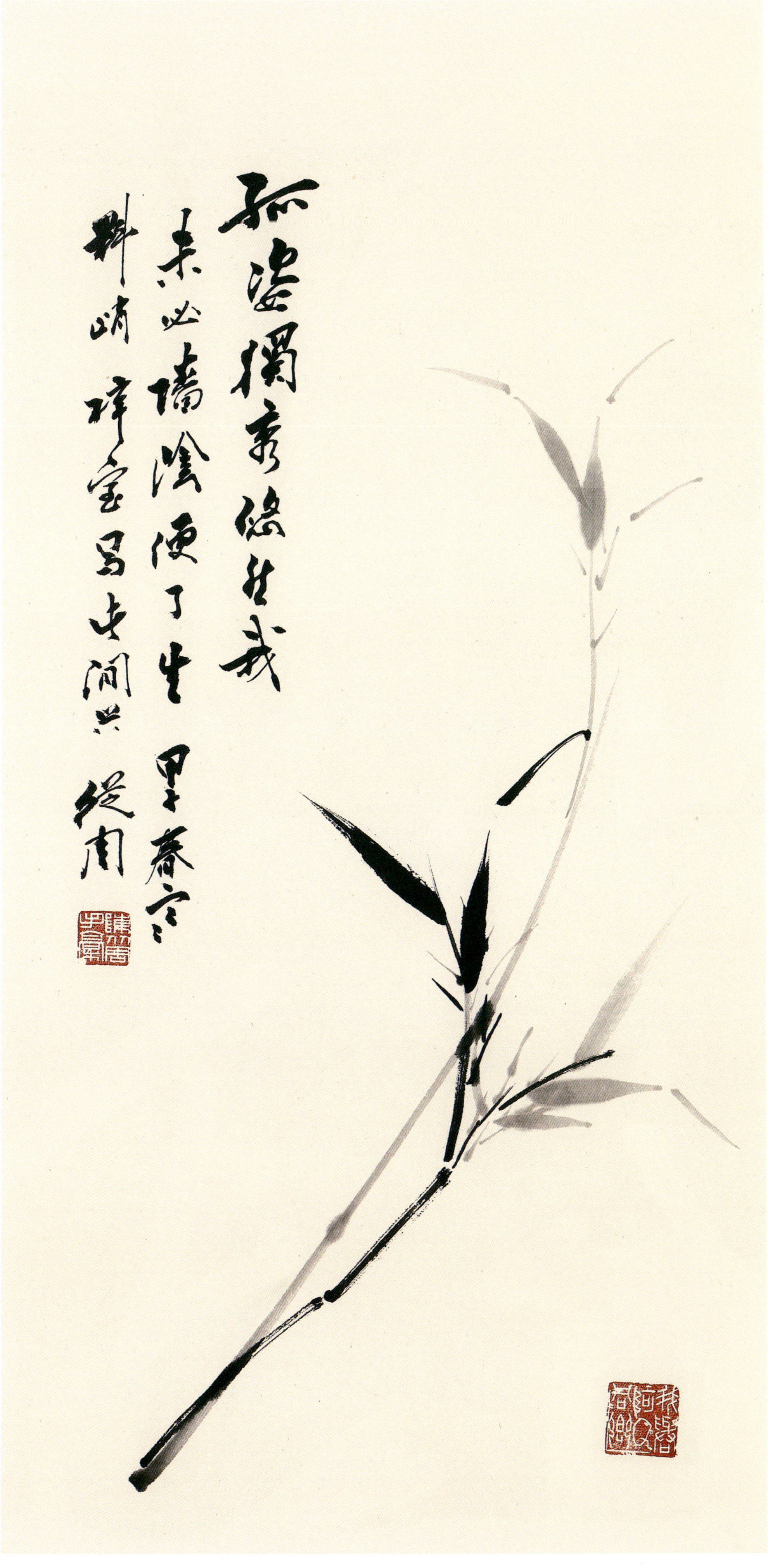

骨紅之花圖

册頁　一九八四年
紙本　設色
縱四一、横二四釐米

釋文：骨紅之花。甲子梓室。

蘭芳圖

册頁　一九八四年
紙本　設色
縱四一、横二四釐米

釋文：蘭芳。甲子從周。

墨竹朱竹圖

册頁　一九八四年
紙本　設色
縱四一、横二四釐米

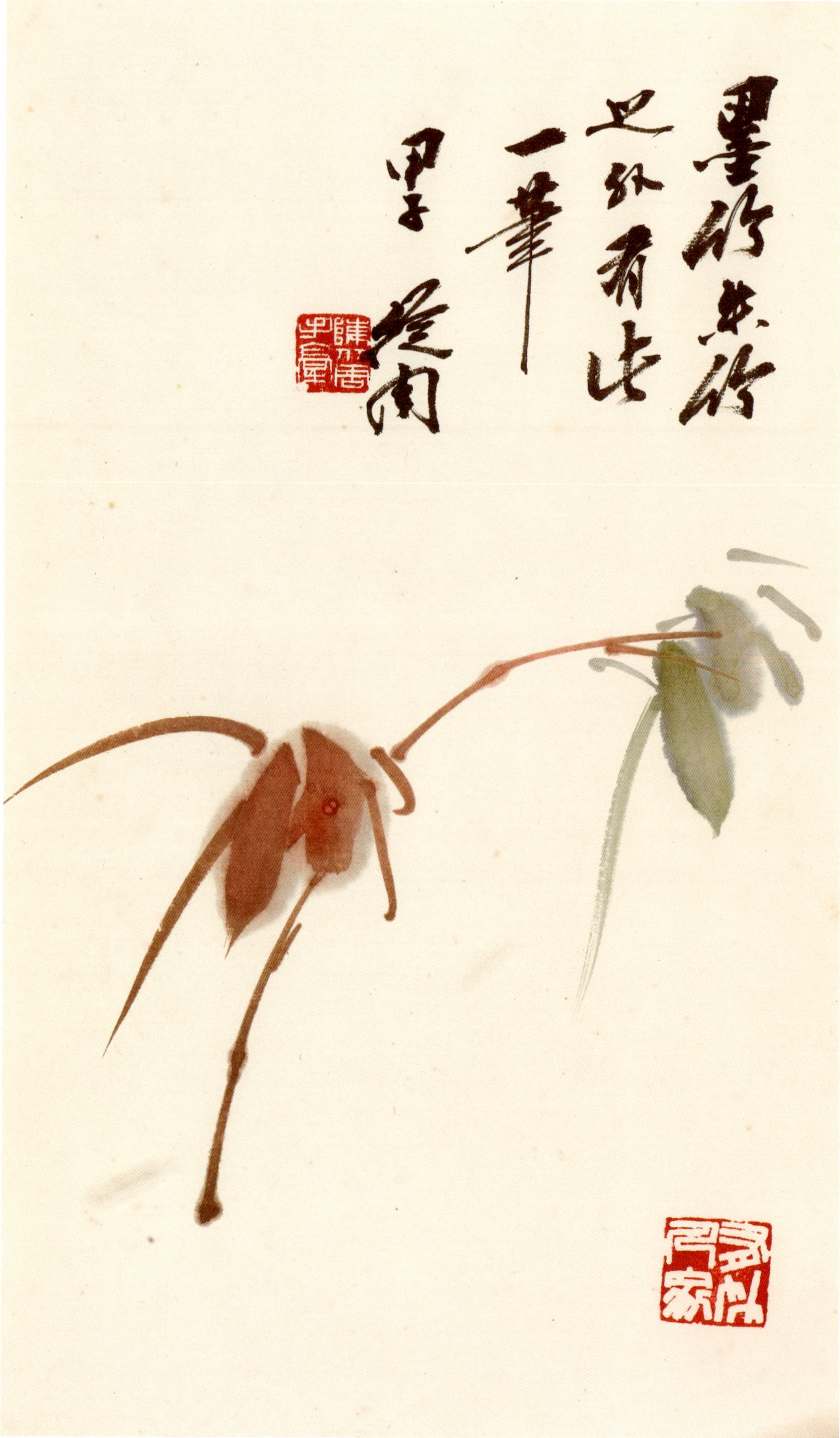

釋文：墨竹朱竹之外，有此一筆。甲子從周。

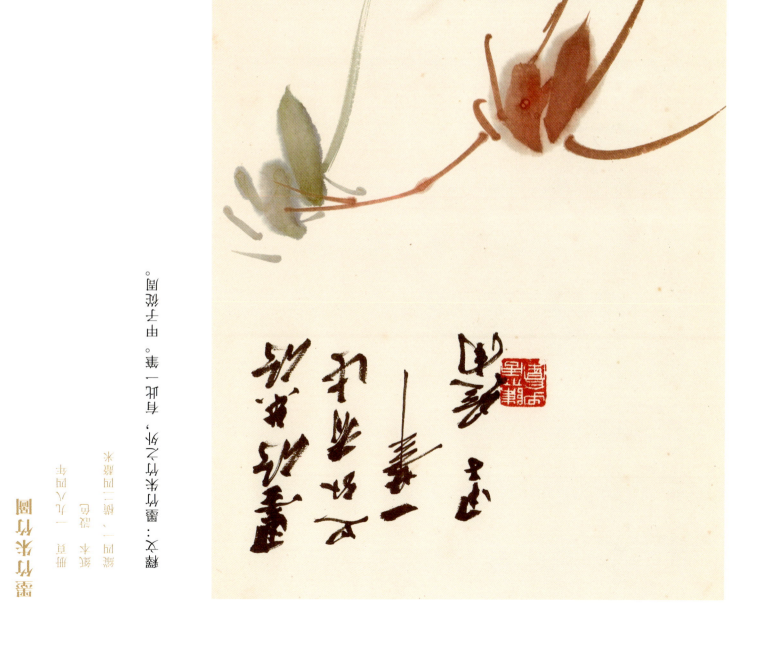

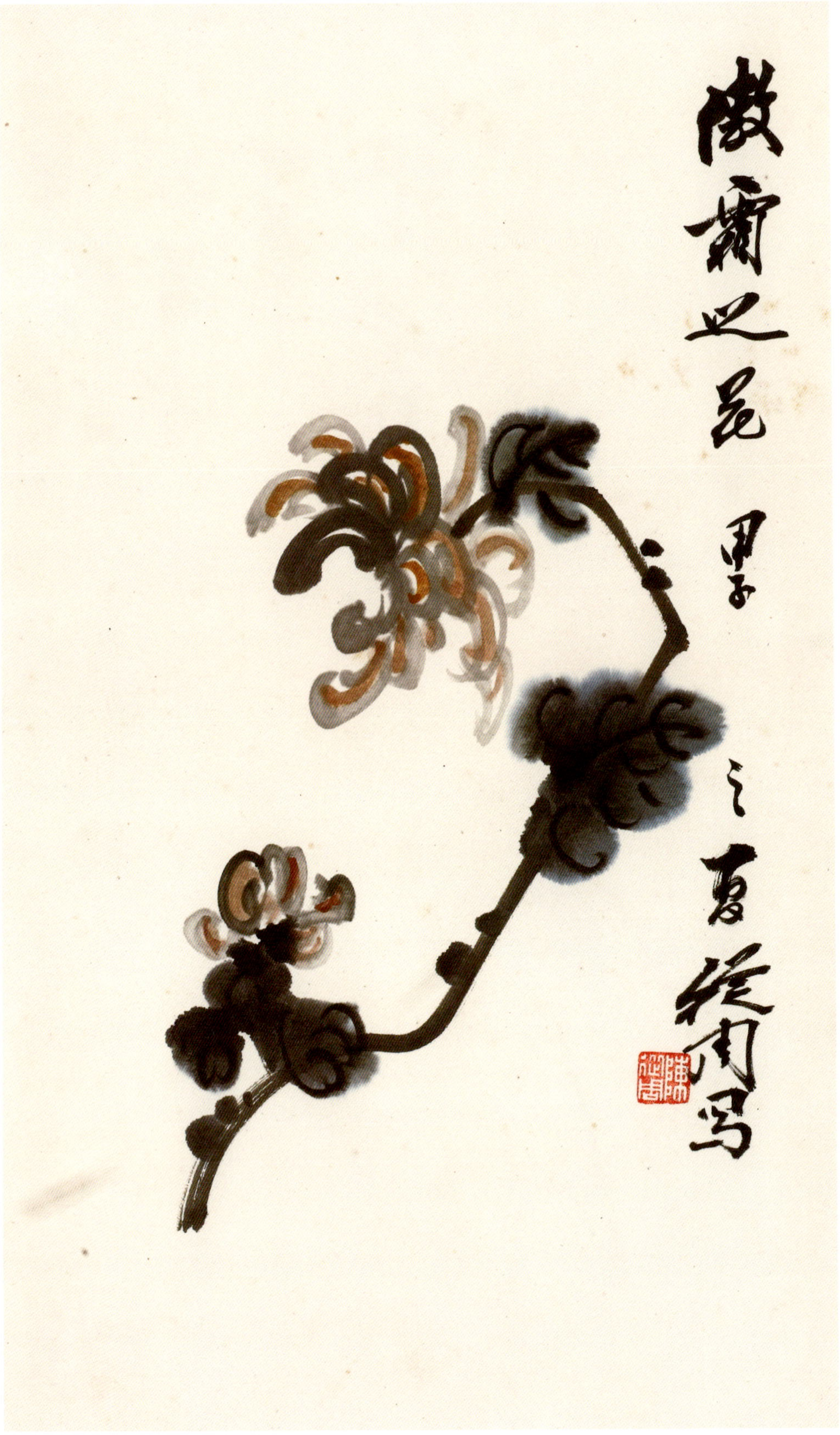

傲霜之花圖

册頁　一九八四年

紙本　設色

縱四一、横二四釐米

釋文：傲霜之花。甲子之夏從周寫。

醉態圖

冊頁　一九八四年
紙本　設色
縱四一、橫二四釐米

釋文：醉態。從周。

彩蕉圖

册頁　一九八四年
紙本　設色
縱四一、横二四釐米

釋文：彩蕉。從周。

彩葡萄圖（秋實垂垂）

册頁　一九八四年

紙本　設色

縱四一、橫二四釐米

釋文：秋實垂垂。甲子從周寫之。

墨竹圖（一支青竹）

立軸　一九八五年
紙本　水墨
縱五八、橫三五釐米

釋文：一支青竹出牆來，紅杏由他到處栽。寫似道南賢兄兩正。乙丑春意闌珊。陳從周。

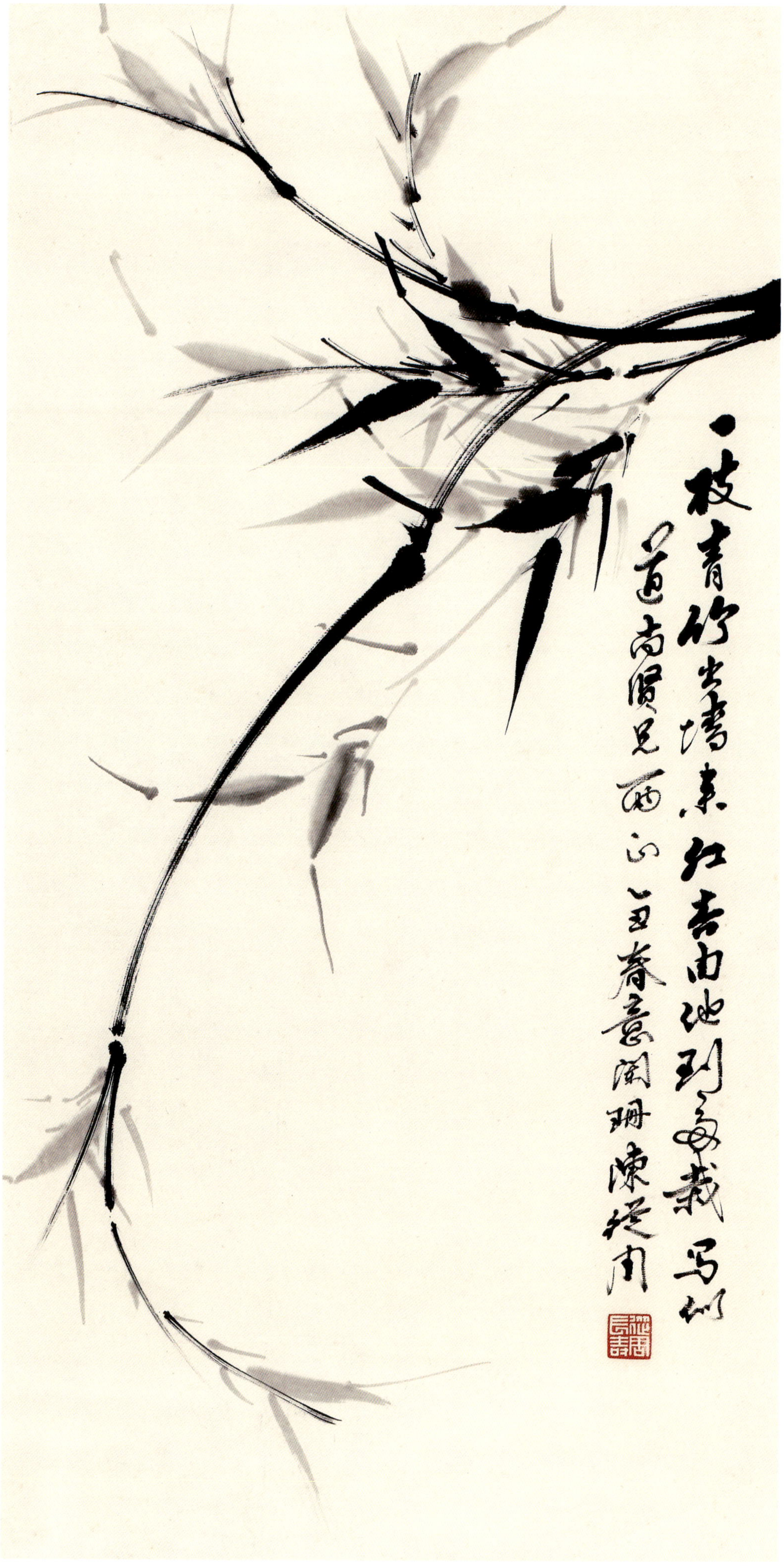

彩葫蘆圖（胡塗是福）

冊頁　一九八四年
紙本　設色
縱四一、橫二四釐米

釋文：胡塗是福。甲子之夏梓翁從周寫。

新篁得意圖

扇面　一九八五年

紙本　水墨

縱九、橫一六釐米

釋文：新篁得意。鴻章道兄正之。乙丑夏陳從周。

竹石圖

立軸　一九八五年

紙本　水墨

縱六九、橫三四釐米

釋文：乙丑冬初，老妻臥病醫院。梓室枯坐，思緒萬千，何以遣愁？適迅生來，檢紙塗抹，不自知其何爲也。梓翁記。

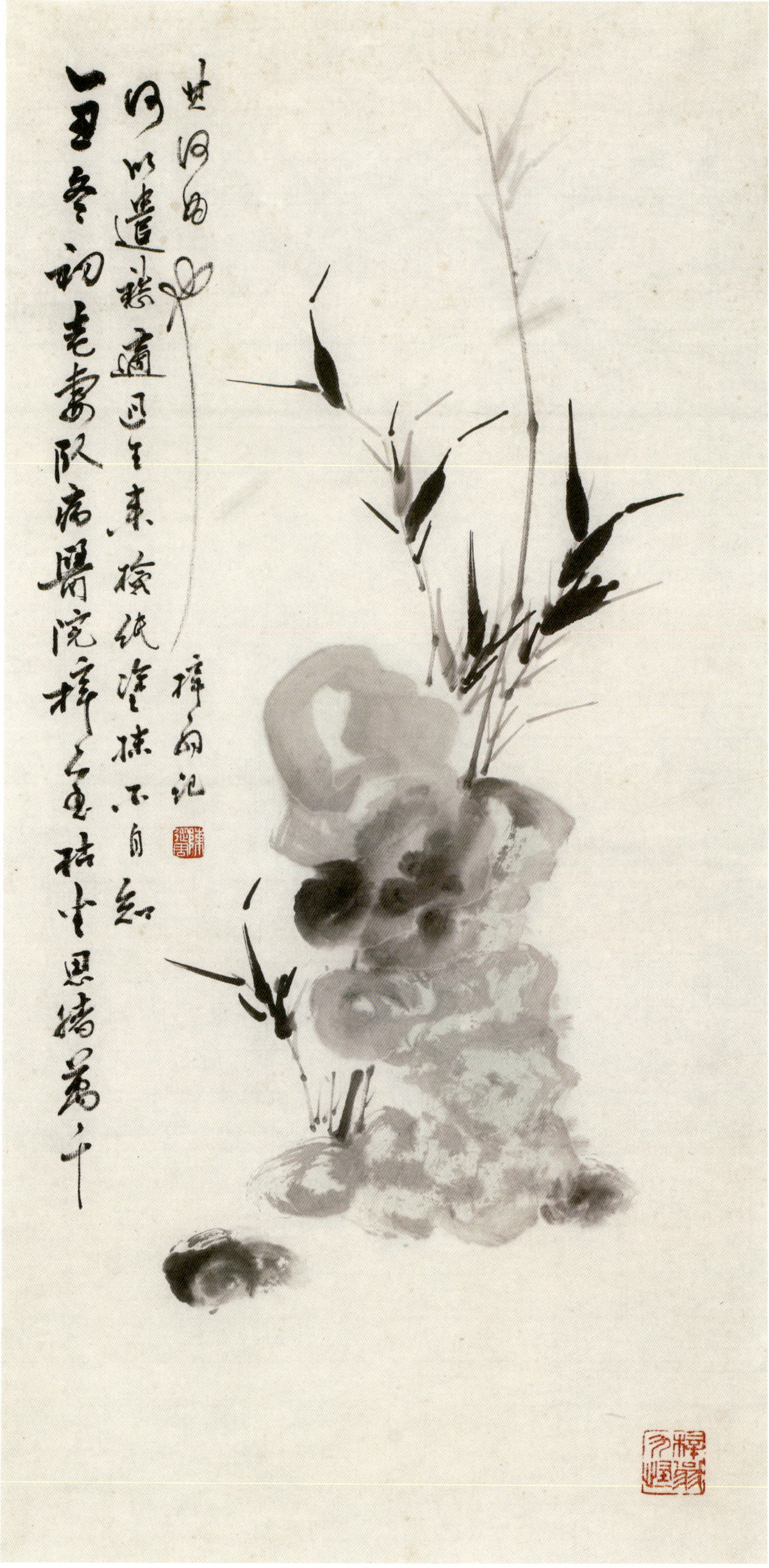

蘭竹石圖（林亭何處）

鏡片　一九八五年

紙本　設色

縱四八、橫三二釐米

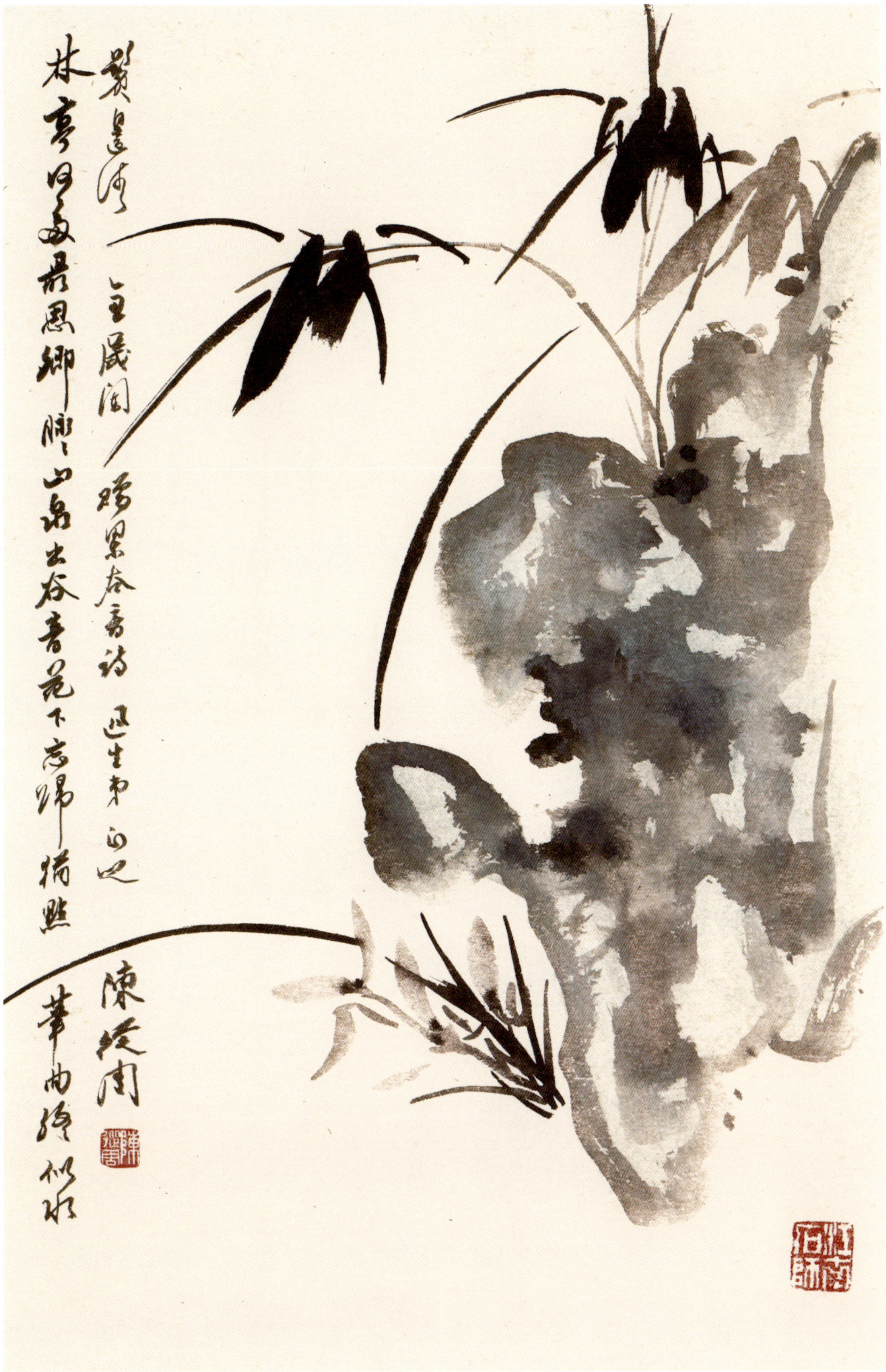

釋文：林亭何處最思卿，脉脉山泉出谷音。花下忘歸猶點筆，曲終似水鬢邊清。乙丑歲闌贈梁谷音詩，迅生弟正之。陳從周。

寒香圖

册頁　一九八六年

紙本　設色

釋文：寒香。丙寅從周。

依人圖

册頁　一九八六年

紙本　水墨

釋文：依人。丙寅從周。

芭蕉蜘蛛圖

册頁　一九八六年

紙本　水墨

釋文：從周寫。

墨梅圖（貧到無花）

册頁　一九八七年

紙本　水墨

縱二七、横二〇釐米

釋文：貧到無花賣，富人不到門。從周。

補注：陳從周獨子在美國慘遭殺害，悲痛之極，幸有石迅生侍在身邊，爲之解悲愁。故信手畫梅、蘭、竹、菊、牡丹、蓮蓬、水仙、小鳥八幅贈之。此爲八幅之一。

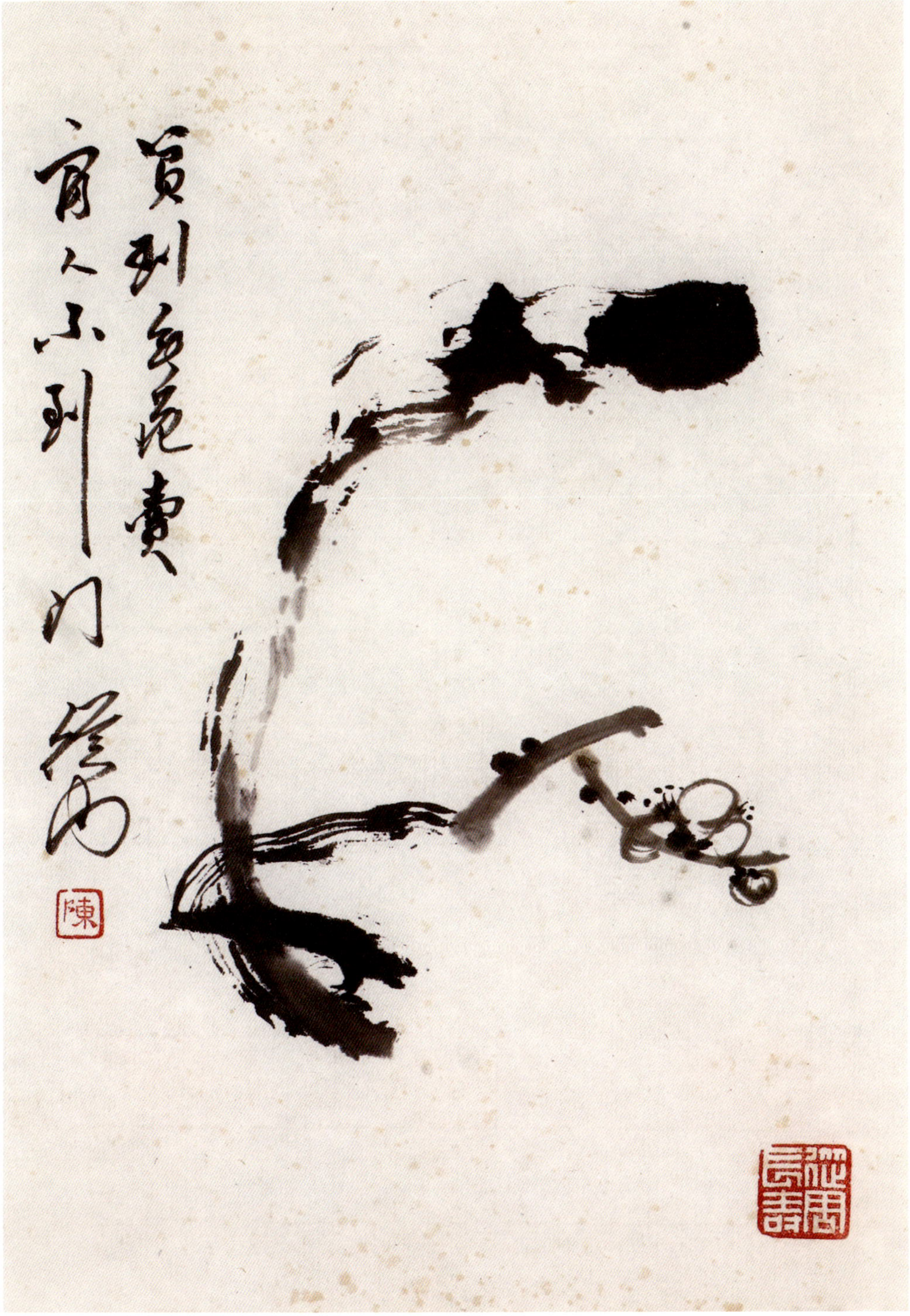

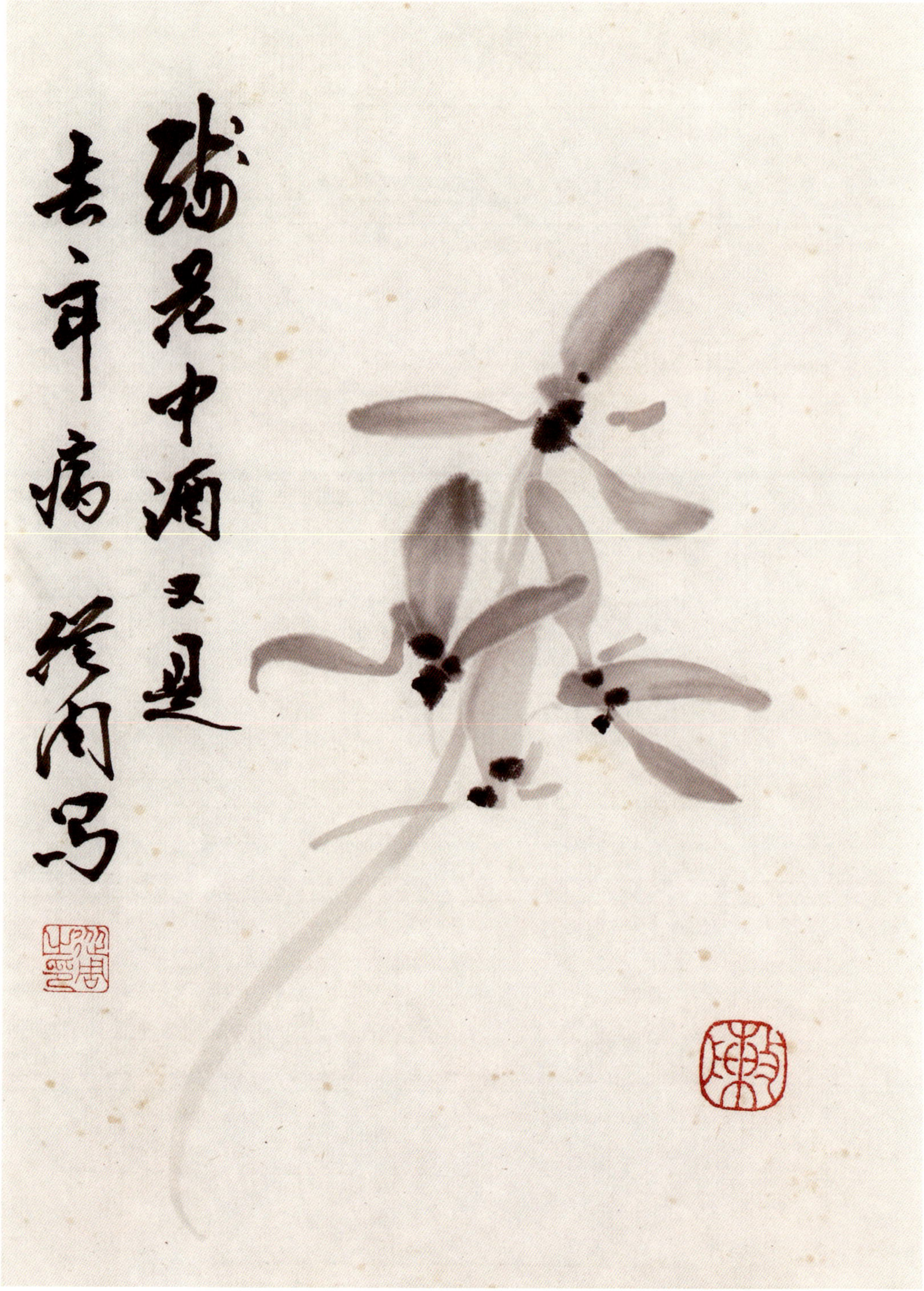

墨蘭圖（殘花中酒）

冊頁　一九八七年

紙本　水墨

縱二七、橫二〇釐米

釋文：殘花中酒，又是去年病。從周寫

補注：此爲八幅之二。

墨竹圖（磊落甘居）

册頁　一九八七年

紙本　水墨

縱二七、橫二〇釐米

釋文：磊落甘居第二流，梓翁風度也悠悠。平生不賣書同畫，我與人間何所求。從周。

補注：此爲八幅之三。

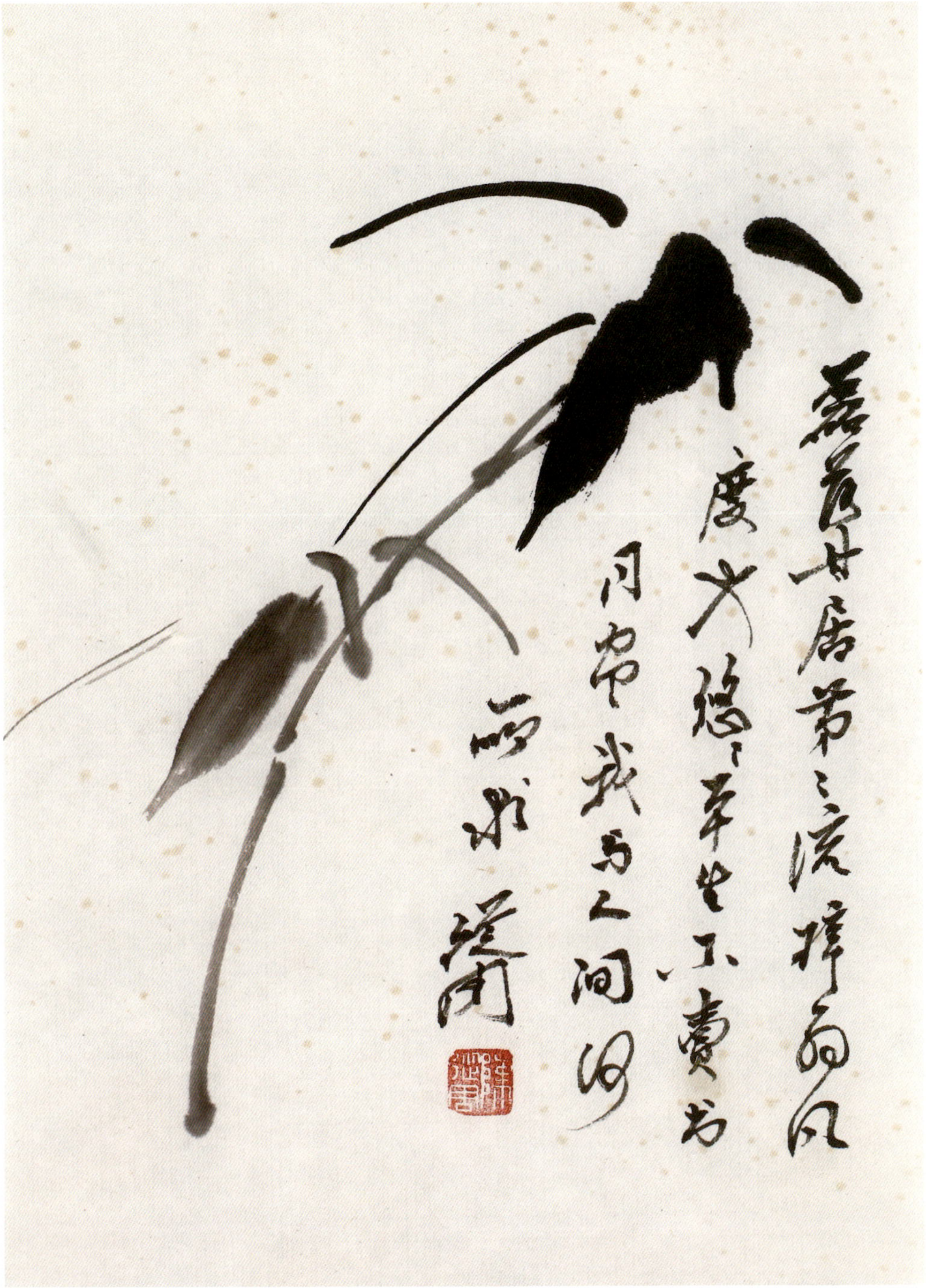

墨菊圖（人比黄花瘦）

册頁　一九八七年

紙本　水墨

縱二七、横二〇釐米

釋文：人比黄花瘦。丁卯冬從周。

補注：此爲八幅之四。

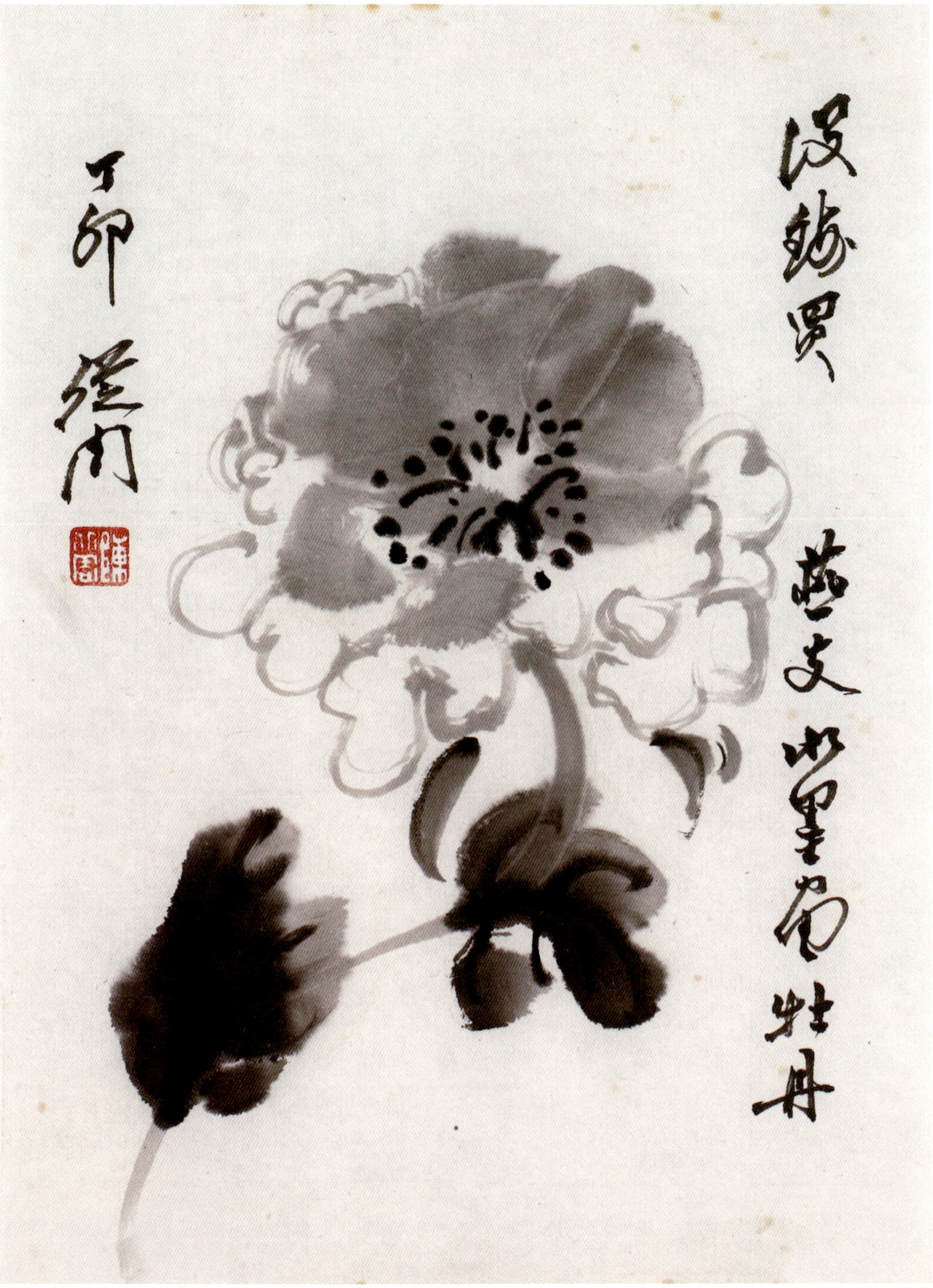

墨牡丹圖（没錢買燕支）

册頁　一九八七年

紙本　水墨

縱二七、横二〇釐米

釋文：没錢買燕支，水墨畫牡丹。丁卯從周。

補注：此爲八幅之五。

墨蓮圖（饒有清新氣）

册頁　一九八七年

紙本　水墨

縱二七、横二〇釐米

釋文：饒有清新氣，飽餐風露多。丁卯冬梓翁。

補注：此爲八幅之六。

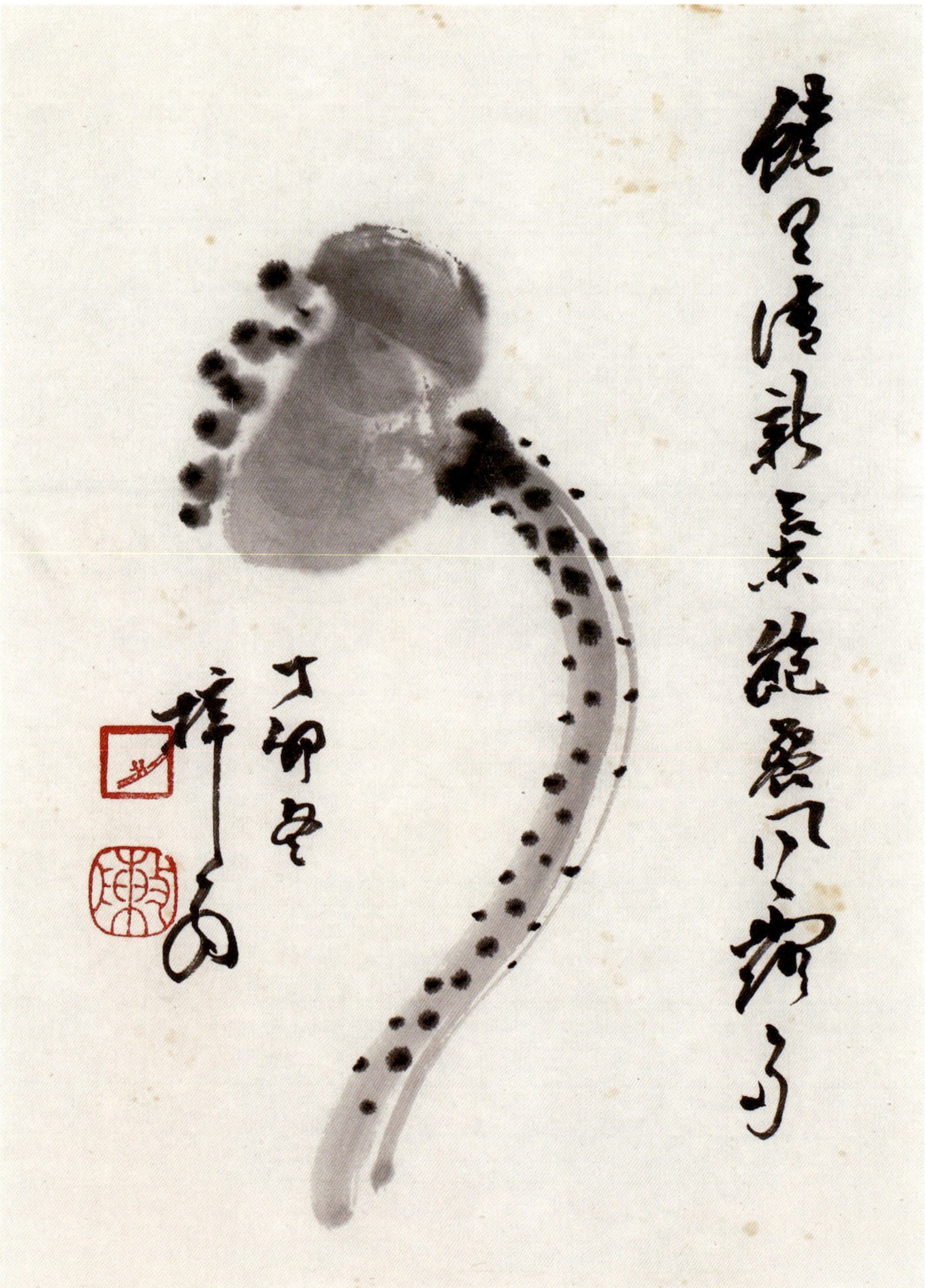

墨水仙圖（吾失獨子）

册頁　一九八七年

紙本　水墨

縱二七、橫二〇釐米

釋文：吾失獨子，今又喪明，睹花淒然。從周。

補注：此爲八幅之七。

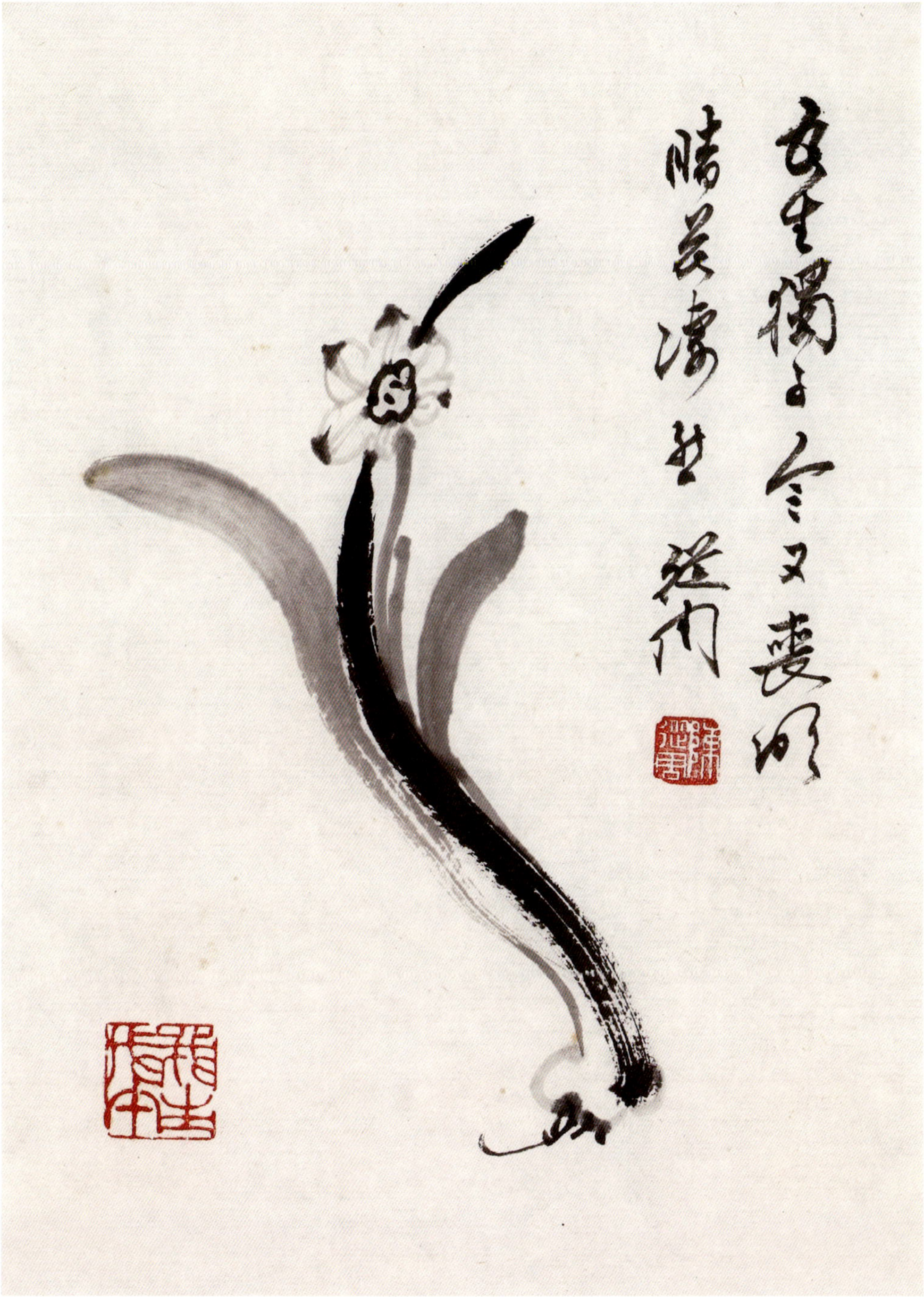

小鳥圖（閒樂閒行）

册頁　一九八七年

紙本　水墨

縱二七、橫二〇釐米

釋文：閒樂閒行閒飲酒，自歌自舞自開懷。梓翁晚境如是耳。從周寫。

補注：此爲八幅之八。

墨蘭圖（歲歲開蘭）

鏡片　一九八七年

紙本　水墨

縱四八、横三二釐米

釋文：歲歲開蘭，年年平安。丁卯歲不書日寫，頌迅生戊辰百吉。陳從周。

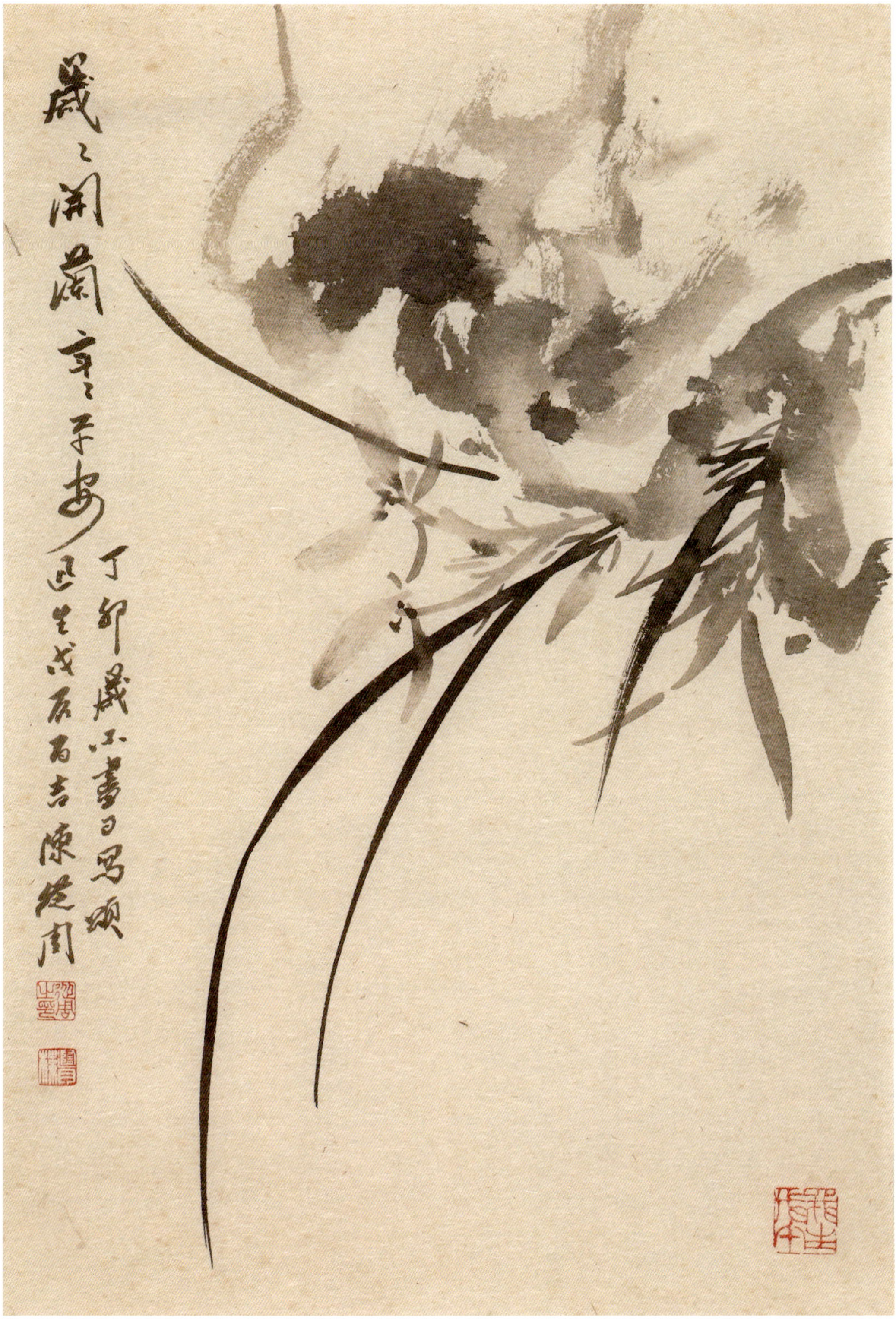

墨蘭圖（畫蘭如行草）

立軸　一九八八年

紙本　水墨

縱五八、橫三五釐米

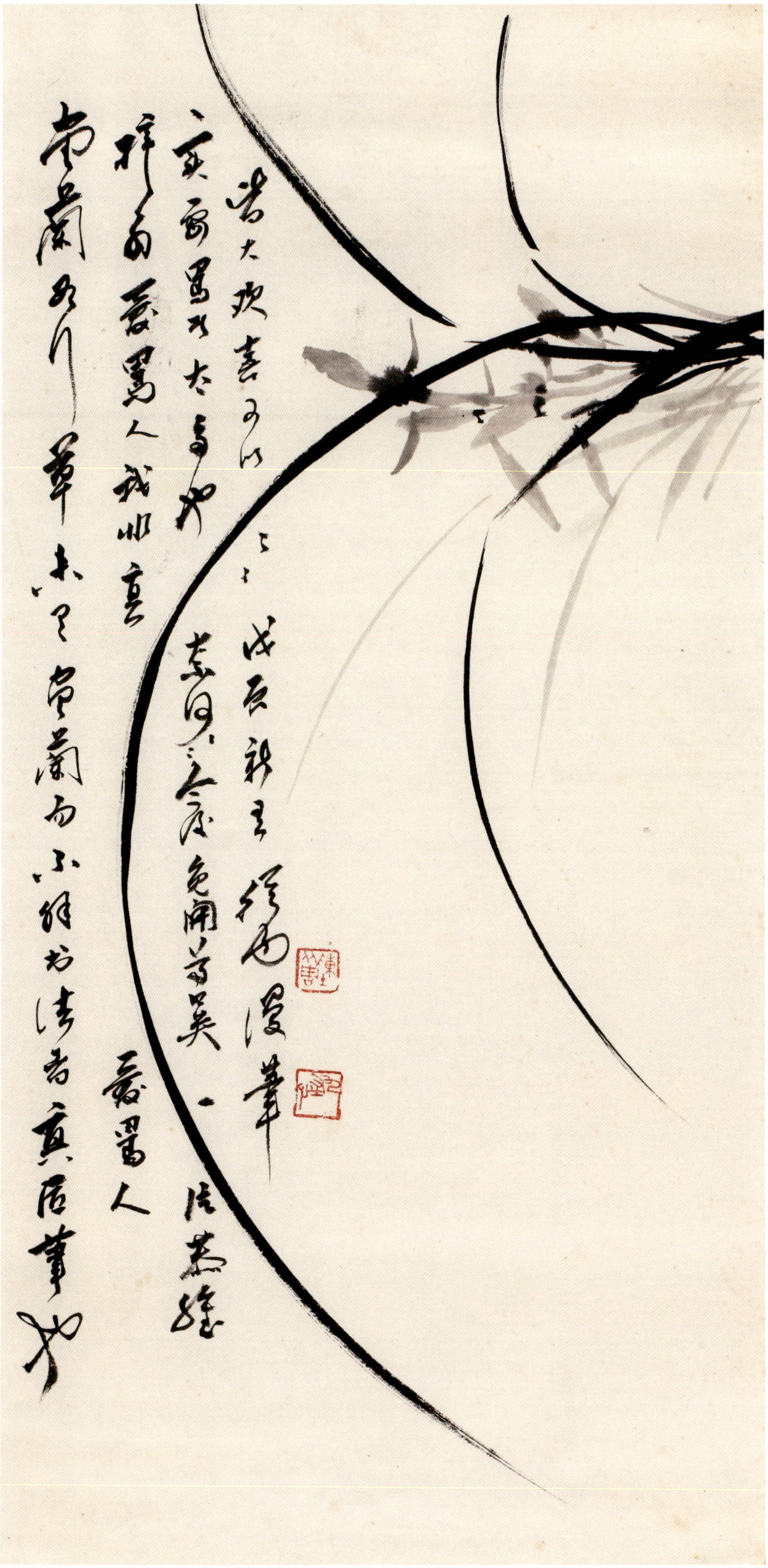

釋文：畫蘭如行草，未有畫蘭而不解書法者，真匠筆也。梓翁愛罵人，我非真愛罵人，實要罵者太多也，奈何奈何。今後免開尊口矣。一片恭維，皆大歡喜，可以可以。戊辰新春從周漫筆。

衍芬圖

橫幅　一九八八年

紙本　水墨

縱九七、橫一八釐米

釋文：純是君子，絶無小人。石濤題蘭。衍芬。戊辰夏，迅生屬梓翁題，信手成此卷，清逸見性真。石迅生屬寫，戊辰之夏從周。

墨竹圖（清貧無所給）

立軸　一九八八年

紙本　水墨

釋文：清貧無所給，有竹是吾家。馨女解予衷也。戊辰之秋梓翁。陳從周並識。

竹石圖（澗谷静如）

立軸　一九八九年

紙本　水墨

縱五九、横三五釐米

釋文：澗谷静如水，風來有清音。己巳春寫於豫園谷音澗。從周。

緑意圖

立軸　一九八九年

紙本　水墨

縱八五點五、橫四六釐米

釋文：緑意。己巳春從周。

清趣圖

鏡片　一九八九年

紙本　水墨

縱四二、橫五三釐米

釋文：清趣圖。燕文方家正，己巳從周。

蘭石圖

鏡片　一九八九年
紙本　水墨
縱一四〇、橫七〇釐米

釋文：澗谷清音，漫山幽香。己巳暮春客昆明看山尋幽，得浮生幾日閑也。臨行匆匆，康祖同學弟屬寫，聊記籌建楠園之緣耳，陳從周於温泉。

墨竹圖（尺幅今朝）

立軸　一九八九年

紙本　水墨

縱九三、橫二三釐米

釋文：尺幅今朝論美金，丹青寫意見癡心。一語先生須記取，畫家能富教書貧。滄海橫流，藝無定法。書生骨相，清風兩袖。己巳從周。

蘭花竹葉圖

立軸　一九八九年

紙本　水墨

縱二六、横二〇釐米

釋文：蘭花竹葉，亦能成婚。己巳梓翁。

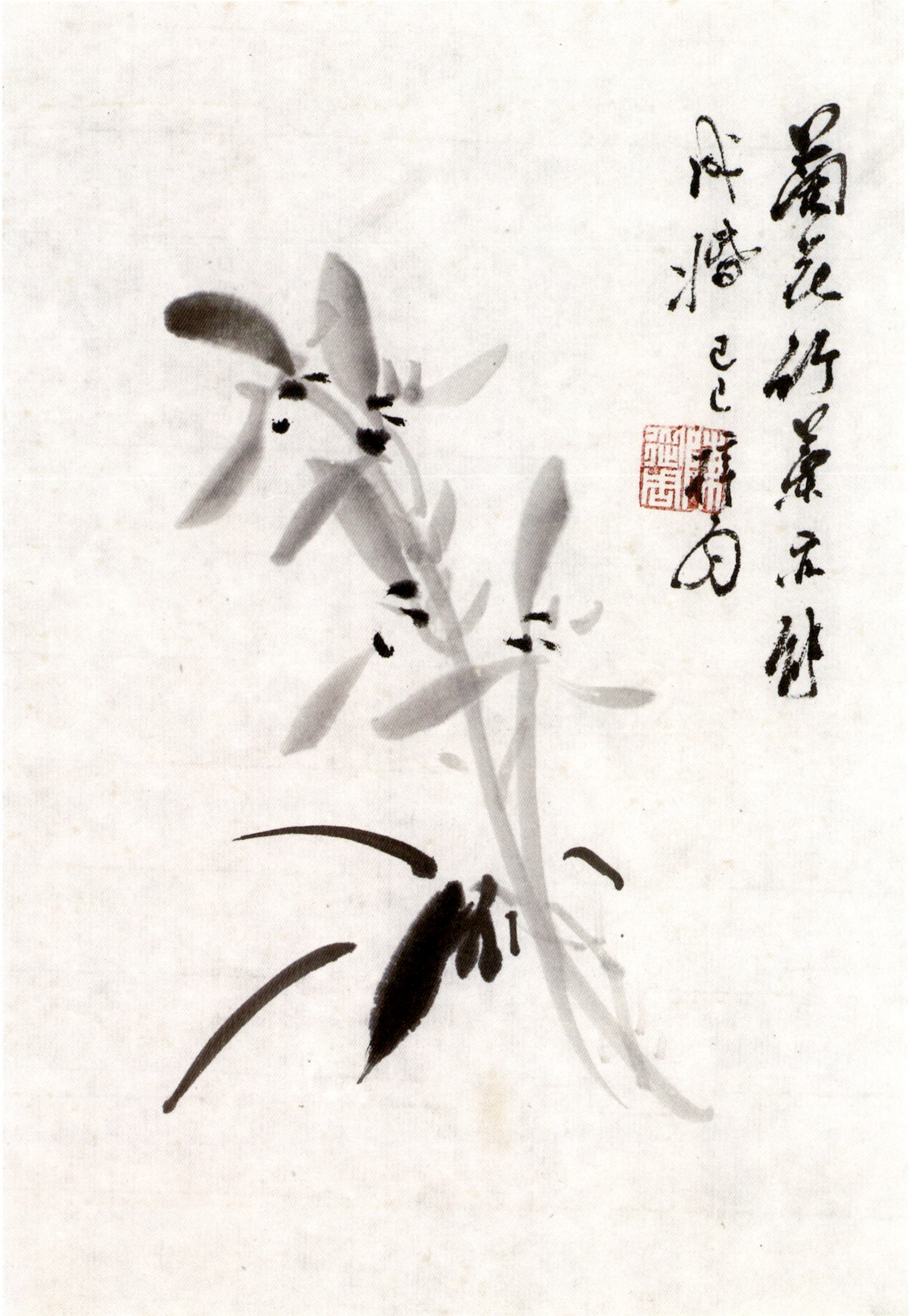

竹石圖（澗谷清音）

立軸　一九八九年

紙本　設色

縱五九、橫三四釐米

釋文：澗谷清音音滿谷，梓人題景景傳人。余構豫園谷音澗，此題壁也，兼贈梁谷音。迅生索畫。己巳從周記。

二十世紀九十年代

小鳥依人圖

立軸　一九九〇年

紙本　水墨

縱六八、橫三四釐米

釋文：小鳥依人今依石，石性不變也，人心不可測！石生迅生侍几席，偶寫付存之，存我品也。庚午春日，梓翁從周時七十三歲。

依樣圖

立軸　一九九〇年

紙本　設色

縱一八〇、橫二二釐米

釋文：依樣。梓翁。庚午春從周。

藤長，命長，小園歲月長。老夫太多事，葫蘆白白長。可以賣鈔票，爲煞偏不要！梓翁題。

石竹圖（余家）

立軸　一九九〇年
紙本　設色

釋文：余家自紹遷杭，先父清榮公於散花灘築小園，園西北有樓廳，東南隅倚牆疊石種竹。清露晨昏，讀書其側，距今六十年矣。園爲廢墟，與先人皆不可再，余亦垂垂老矣。熙中二侄來梓室求畫，往事如夢，共話無人。二哥彝叔熙中父也，又適新故，老懷何堪？爲寫此圖存之。庚午正月，陳從周。寫是圖時侄孫劍侍几席，内阮蔣雨田亦在座，雨田與熙中爲外弟兄，雙重戚誼。梓翁並記。

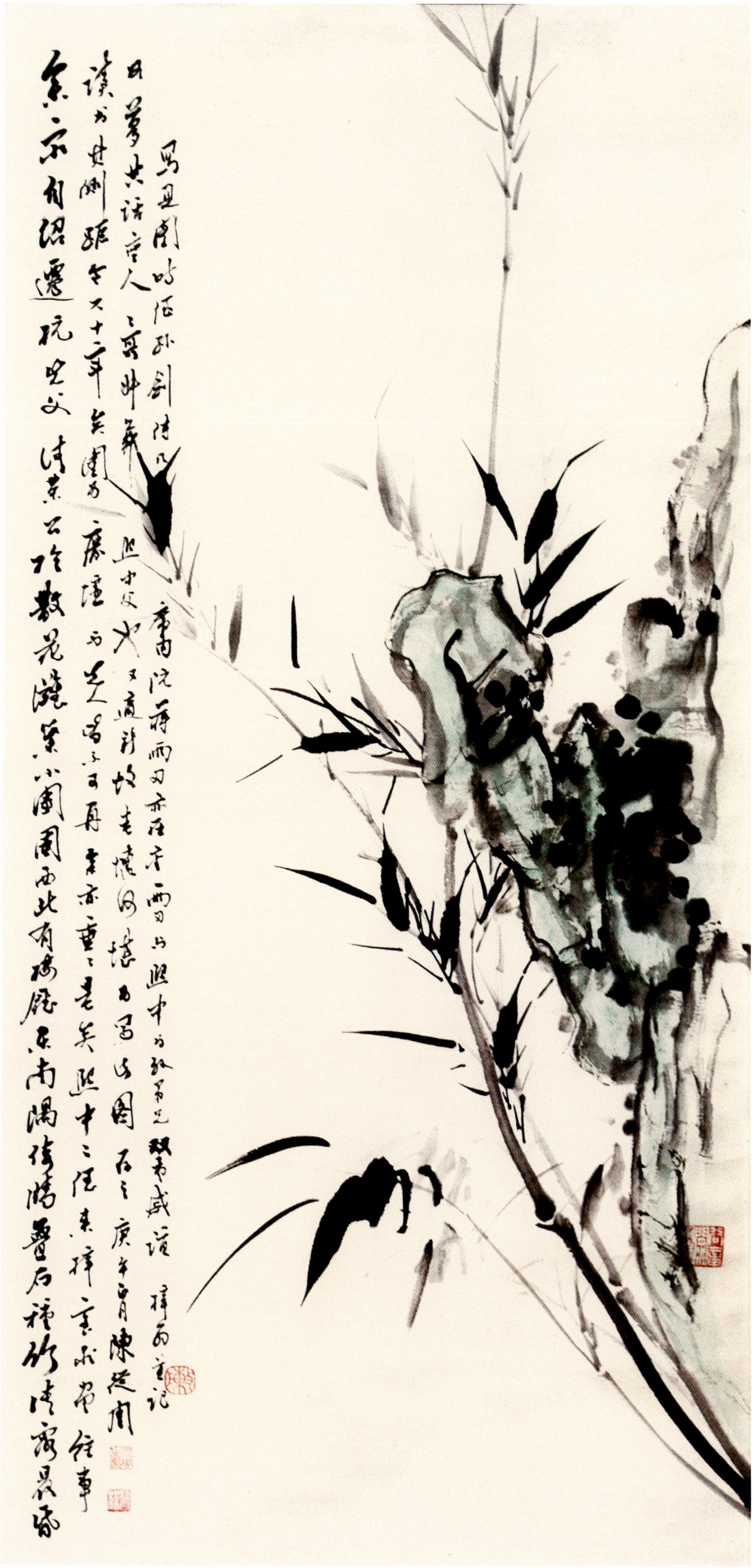

墨蘭圖（背其道行）

册頁　一九九〇年

紙本　水墨

縱二一、横二六釐米

釋文：背其道行之。庚午於小窗修竹人家，梓翁從周筆。

墨竹圖（雨餘淡月）

立軸　一九九〇年

紙本　水墨

縱一三二、橫三五釐米

釋文：雨餘淡月清風。庚午之四月，陳從周筆。

山水圖（山水難得）

鏡片　一九九〇年

紙本　設色

釋文：山水難得其情，此不知何景也。庚午伏日寫之消暑耳。梓翁陳從周。

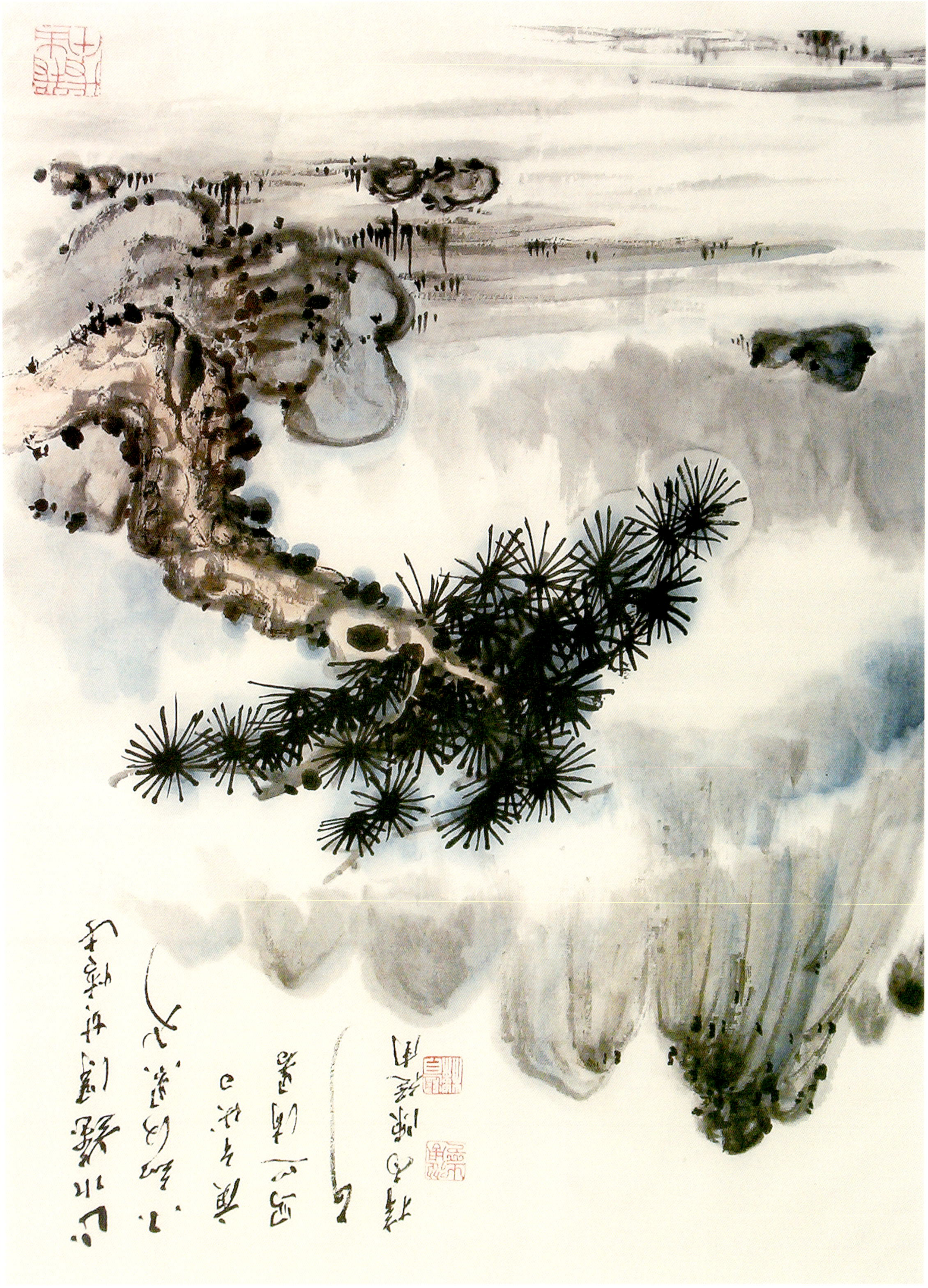

絲瓜圖（庚午大伏）

立軸　一九九〇年

紙本　設色

釋文：庚午大伏小園聽蟬。梓翁從周清興。

葫蘆圖（利令智昏）

立軸　一九九〇年

紙本　設色

釋文：利令智昏，色令智昏，官令智昏，名令智昏。難得胡塗，卻莫智昏。正平侄屬寫。庚午初冬寫於梓園。陳從周。

墨梅圖（苔枝綴玉）

屏條　一九九一年

紙本　水墨

縱五六、橫二五釐米

釋文：苔枝綴玉。宋人姜白石詞寫出梅之神韻，解之其誰耶？辛未從周。

蘭石圖（倘有幽香）

立軸　一九九一年

紙本　水墨

縱六六、橫二五釐米

釋文：倘有幽香來入夢，人間春夢已迷離。吕貞白丈題余畫蘭句。辛未梓翁畫。

新篁誰家圖

屏條　一九九一年

紙本　水墨

縱六六、橫二五釐米

釋文：新篁誰家。辛未春梓室主人。

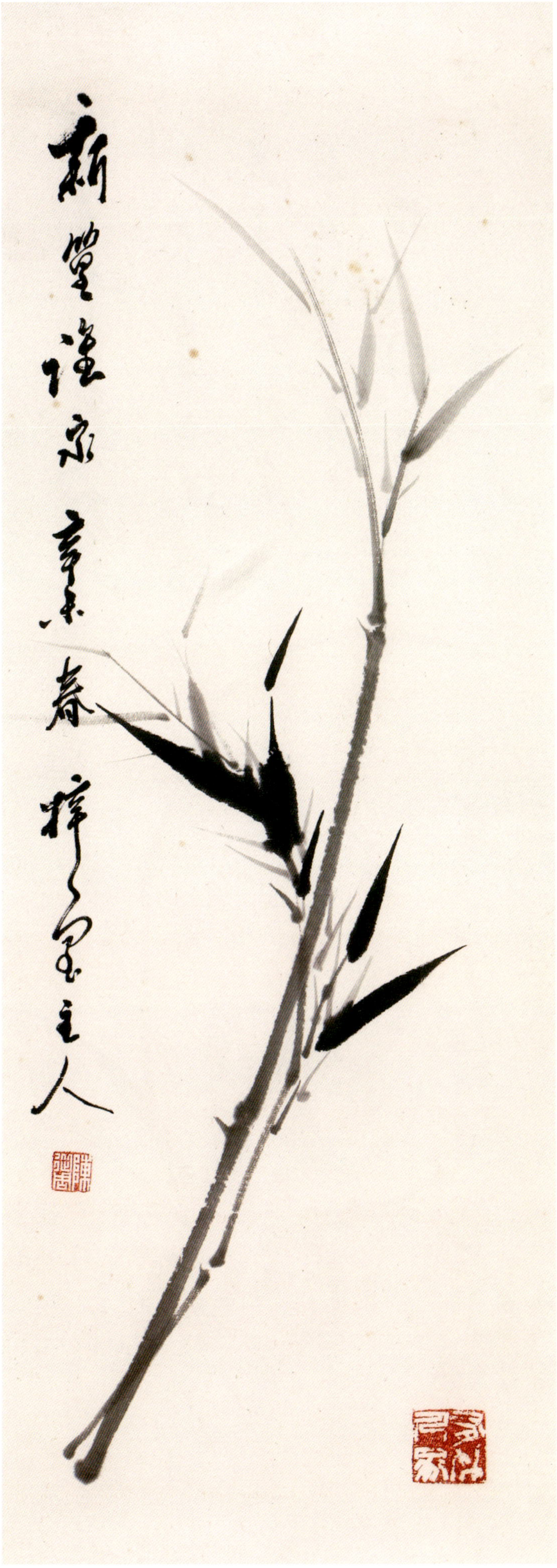

墨菊圖（采菊東籬下）

屏條　一九九一年

紙本　水墨

縱六六、橫一二五釐米

釋文：采菊東籬下，悠然見南山。今人賞菊輒以千萬計，俗人也。梓園主人。道南以佳楮屬寫，草草成四幅即正。陳從周。

水仙竹石圖

屏條　一九九一年

紙本　設色

縱六八、橫三三釐米

釋文：淩波塵不染，照影玉亭亭。畫於上海豫園之谷音澗。辛未陳從周。

石如美人圖

立軸　一九九一年
紙本　水墨
縱五七、橫一八釐米

釋文：石如美人，竹似君子。辛未從周。

牡丹圖（不到園林）

立軸　一九九一年

紙本　設色

釋文：不到園林，怎知春色如許。——《牡丹亭·遊園》辛未陳從周。

竹石圖（病起寫疏枝）

立軸　一九九二年

紙本　水墨

釋文：病起寫疏枝，白髮鬢邊絲。陳從周。

壬申春大病幾不起，熙中侄侍病榻三月，起床爲寫此圖。

凌波圖

立軸　一九九二年

紙本　淡彩

縱六五、橫三五釐米

釋文：知是凌波塵不染，一窗風雪立多時。佛家云：色即是空，空即是色。歲暮寒窗，百感交集！迅生來閒談，閒筆（閒），此亦老去情懷也！壬申冬至梓翁從周記。

梅竹雙清圖

立軸　一九九三年

紙本　水墨

縱六八、橫三四釐米

釋文：興來畫得竹梅枝，仿佛孫兒學字時。九三年元旦媛媛生日，迅生來寫此圖，從周於同濟大學梓園。

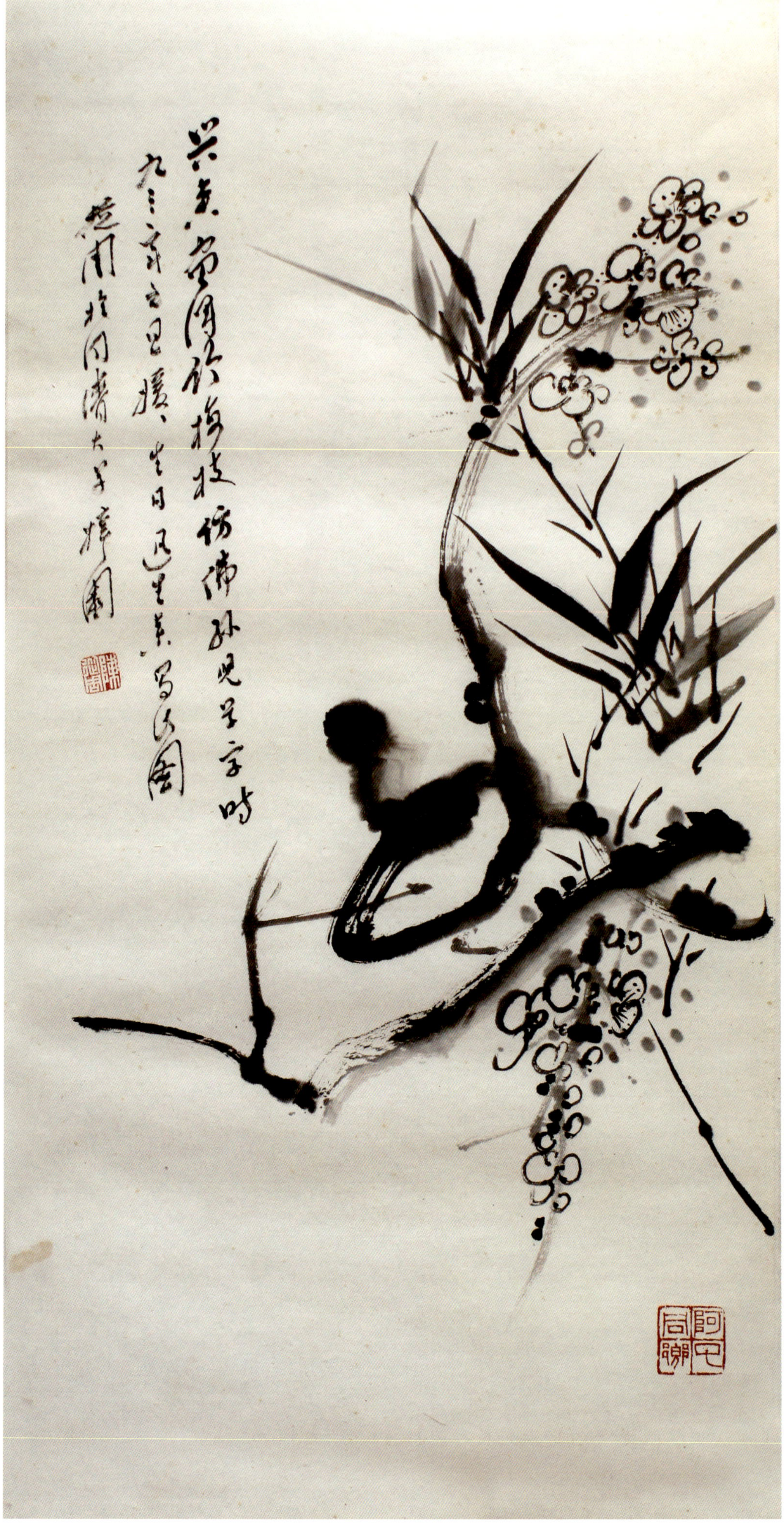

蘭石圖（留得殘枝）

立軸　一九九三年

紙本　水墨

縱四五、橫一二九釐米

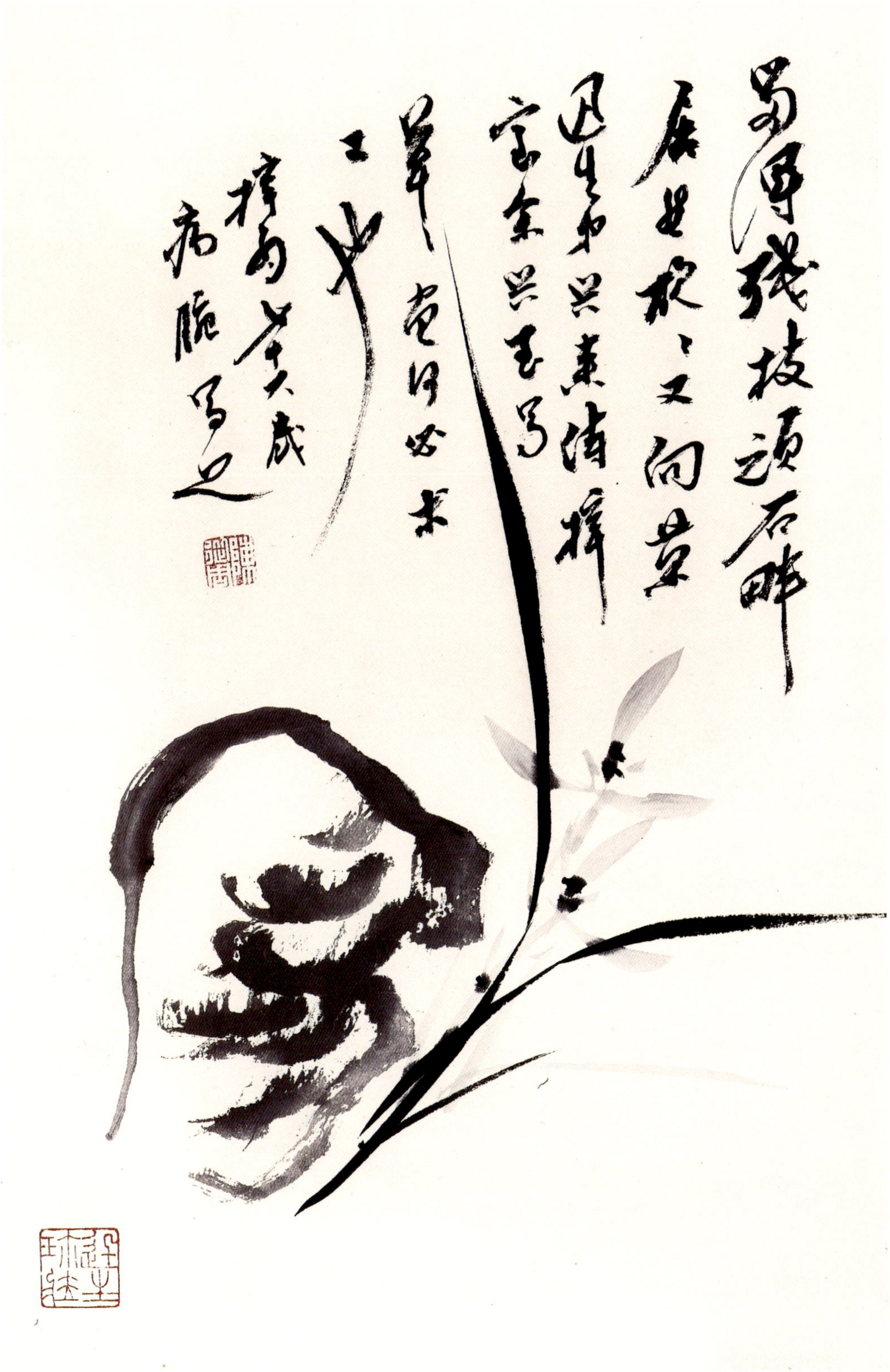

釋文：留得殘枝頑石畔，居然欣欣又向榮。迅生弟興來侍，梓室余興至寫，草草畫，何必求工也。梓翁七十六歲病腕寫之。

蘭竹圖（砂器我愛）

立軸　一九九三年

紙本　水墨

縱六九、橫三六釐米

釋文：砂器我愛，蘭竹鍾情，聊寄老去情懷也。迅生有秀骨，莫爲市氣所染也。梓翁從周。

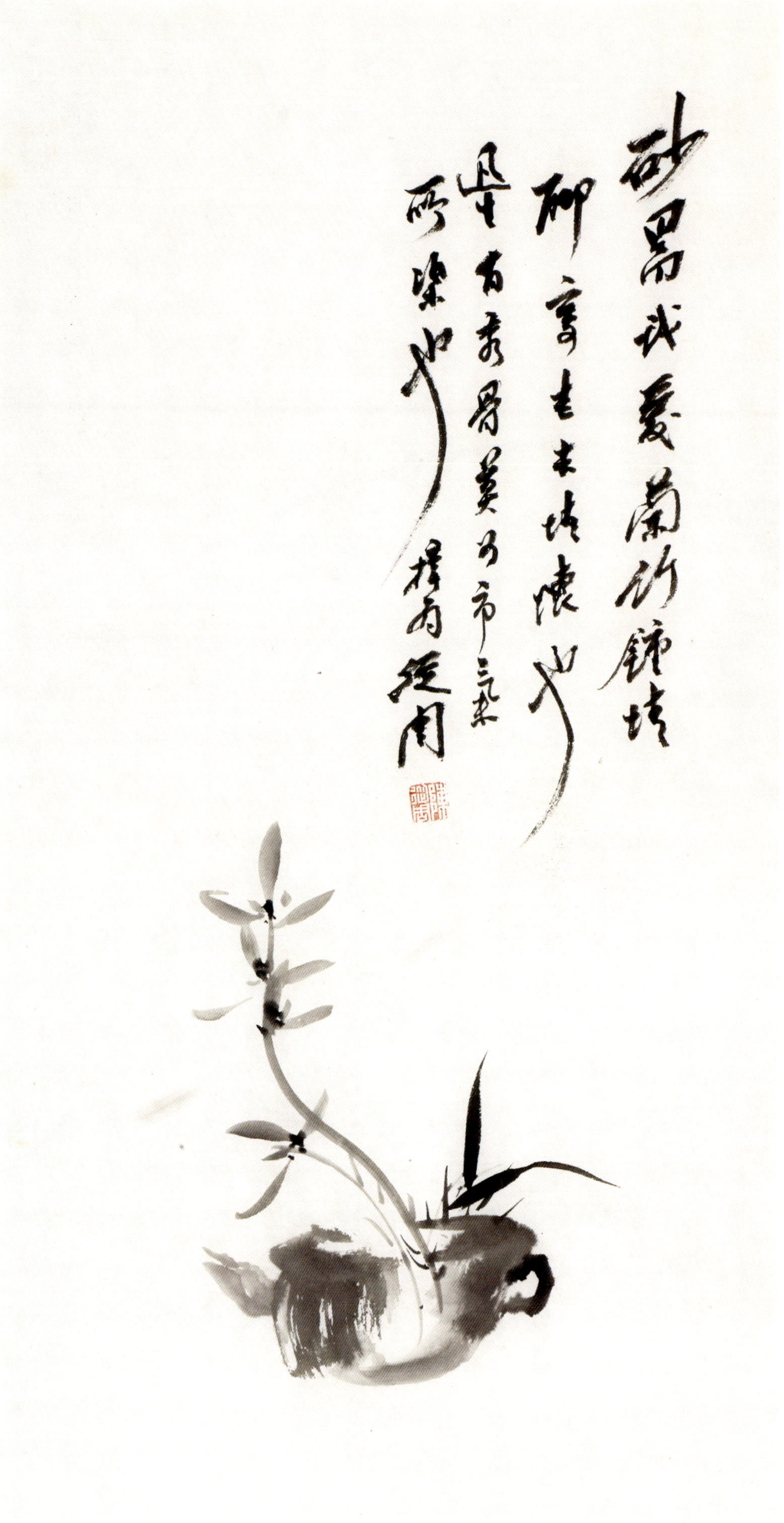

蘭竹石圖

鏡片　一九九三年

紙本　水墨

釋文：剛娟、馨女儷賞。陳從周。

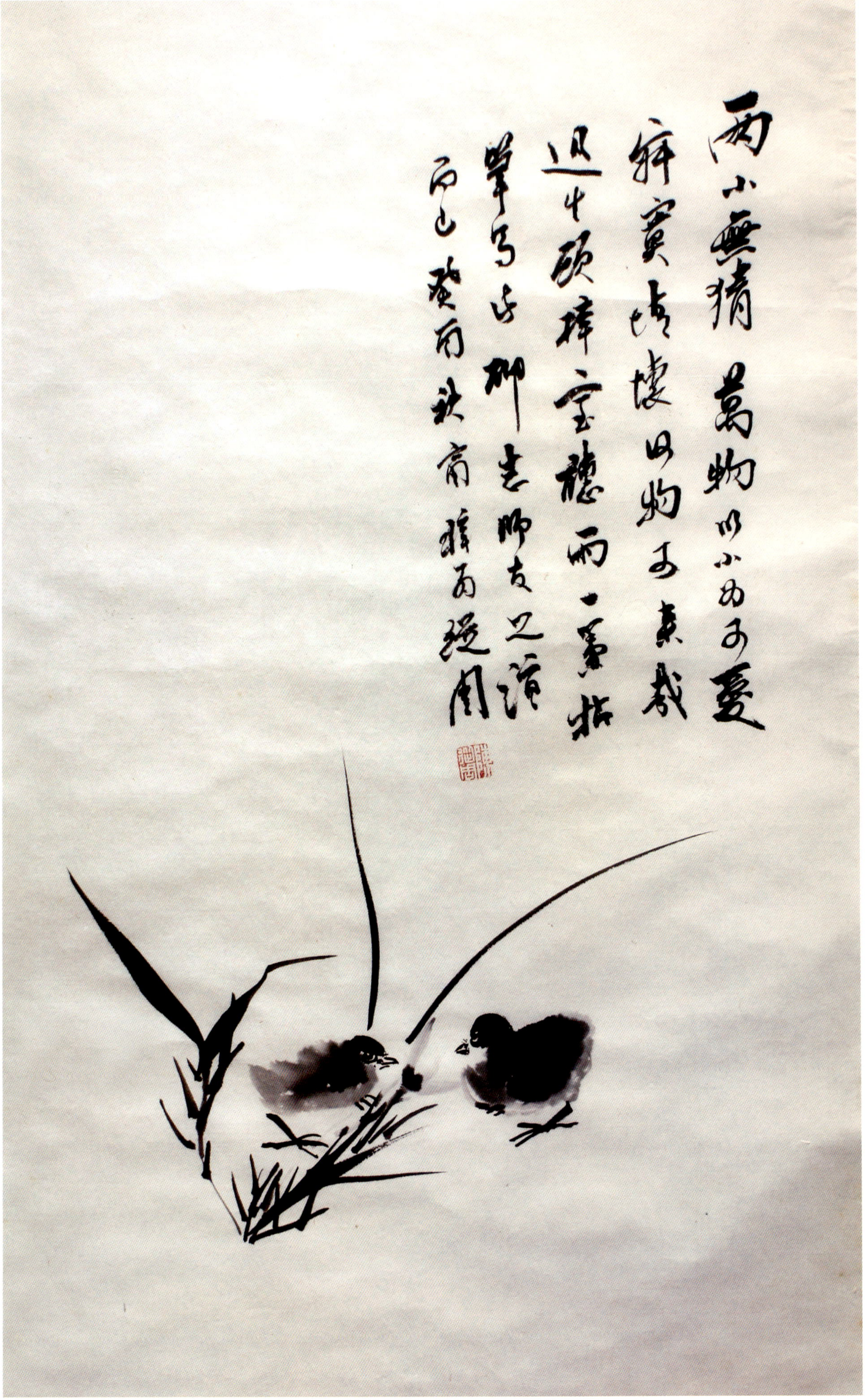

墨荷圖（鐘鳴吾兄）

立軸　一九九四年

紙本　水墨

縱八九、横四一釐米

釋文：鐘鳴吾兄卅秩之祝，陳牛敬贈。甲戌夏初陳從周畫於梓園。

兩小無猜圖

立軸　一九九三年

紙本　水墨

縱六八點五、横四二點五釐米

釋文：兩小無猜，萬物以小爲可愛，寂寞情懷，何物可來哉？迅生顧梓室，聽雨一簾，拈筆寫此，聊志師友之誼而已！癸酉秋窗，梓翁從周。

蘭石圖（石長壽）

立軸　一九九四年

紙本　水墨

縱六九、横四〇釐米

釋文：石長壽，蘭衍芬。迅生弟生辰寫贈。一九九四年九月廿五日，梓翁陳從周。

安居圖

立軸　一九九五年

紙本　水墨

縱六八、橫三五釐米

釋文：春節來臨，要錢要名，寒窗清貧，安居養命。迅生來畫此，不值半文。乙亥梓翁從周寫發牢騷。

補注：这是陳從周先生生前最後一幅畫。

非常感謝浙江省文學藝術界聯合會主席、中國美術學院院長許江教授在百忙中爲本書作序。

陳從周先生是杭州人，一九四二年畢業于之江大學文學系，是浙江大學（之江大學一九五二年併入）的知名校友。先生生前是同濟大學教授，當代著名的中國古建築學家、中國園林藝術大師，又是中國傑出的教育家和一流的散文家、詩人、畫家和書家，博學多才、著作等身。我們浙江大學爲有這樣一位大師級的校友而驕傲。先生知行合一，他的著作是理論和實踐密切結合的，對當前的造園與復園、游園和品園，都有指導意義。一九九二年起，我們就開始研究他，在《中國園林》、《社會科學戰綫》等雜志上發表多篇論文。一九九八年，我們申請到國家藝術類第九個五年計劃重點課題『重要藝術家陳從周研究』（後因事申請延至第十個五年計劃完成）。二〇一〇年，爲紀念先生逝世十周年，宋凡聖教授出版了陳從周研究專著《一位知識分子的完美人生——陳從周研究》。二〇一三年，我們完成了國家自然科學類第十二個五年計劃出版重點課題《陳從周全集》十三卷的編纂出版。二〇一七年，爲了向浙江大學一百二十周年校慶獻禮，同時也爲了紀念陳從周先生百年誕辰，我們又編輯了《陳從周繪畫集》、《陳從周書法集》和《跟隨陳從周先生品園》三部作品。

《陳從周繪畫集》和《陳從周書法集》原是國家重點課題《陳從周全集》中的第十四、十五卷。當時，我們先收集先生的文字作品，后收集書畫，由於種種原因，文字部分共十三卷，以《陳從周全集》之名先出版了。其實，那十三卷衹是『陳從周文集』，衹有把《陳從周繪畫集》和《陳從周書法集》包括在內，才能稱『全集』。

《陳從周繪畫集》和《陳從周書法集》終於和讀者見面了。首先要感謝陳從周先生兩個女兒陳勝吾女士、陳馨女士的支持和幫助（大女兒陳勝吾女士於二〇一二年把自己收藏的全部書畫照片底片提供給我，小女兒陳馨女士於二〇一五年把自己收藏的書畫作品底片提供給我並向我推薦石迅生先生來幫助我），其次要感謝原浙江大學副校長羅衛東教授的組織、指導和幫助。

收集整理先生的作品很不容易。先生衹在繁忙的工作之餘才寫字作畫，他把寫字作畫當做消遣和娛樂，借書畫抒發感慨、寄托抱負；同時又把書畫看作文人交流交往的工具，與詩詞歌賦一樣。『丹青衹把結緣看』是他的座右銘，先生生前從未想過出版自己的書畫集，所以，留給家人的作品很少。先生樂於以書畫贈送親友師生，凡向他索書畫的，來者不拒，有求必應。他的書畫作品可以數千計，但從不向人要一分錢。同濟大學將他的書畫當作國禮贈送外賓，世界各地收藏者也不少。當先生的親友師生和部分索書畫者得知我們計劃出版先生的書畫集時，他們都紛紛拿出自己的收藏供我們挑選。經過六年的努力，共收集到四百二十幅繪畫作品，四百四十八幅書法作品，我們按時序精選出一百六十八幅繪畫作品和一百九十八幅書法作品，分别整理成《陳從周繪畫集》和《陳從周書法集》，交浙江大學出版社出版。兩本書封面和扉頁題詞都採用一九四九年出的《陳從周畫集》原版題詞。封面題詞在沈尹默先生題詞基礎上，再從沈尹默先生書法集中挑出合適的『繪』和『書法』三字分别插入，原版扉頁謝稚柳先生和王大隆先生的題詞都予以保留。

支援和幫助本書編輯出版的單位和個人很多。特别要感謝的單位有浙江大學社會科學研究院、檔案館、藝術與考古學院、園林設計研究所、浙江大學出版社，同濟大學建築與城市規劃學院，以及杭州市園文局，揚州市園文局，寧波報國寺、天一閣，嘉興博物館、海寧博物館，南通博物苑，昆明安寧楠園和各地園林風景區。特别要感謝的個人是向陳從周先生學習繪畫的石迅生先生：他不但拿出自己的藏品，還積極收集已知朋友的藏品。還要感謝遠在美國的董燕蕓女士以及李振宇教授、王湜華研究員、崑劇國家一級演員梁谷音教授、詩人周道南老先生、趙禦龍局長、鄭伯萍老師、趙鵬先生、孫田先生、羅恒先生、王建成先生、陳弘先生、周鐘鳴先生、張亮先生和陳斐榮女士、蔣慧喆女士、仇蓉女士、張艷瓊女士等。

還要感謝浙江財經大學藝術系主任國增林博士和設計師杭韋夫婦，他們爲了讓讀者能及早讀到這本書，爲它的初步編輯、排版和校對出了大力氣。起初，兩書征求意見稿是横排簡體的，剛出來就收到不少意見，爲了突出傳統風格，我們接受建議，決定把已經排定的初稿改爲豎排繁體。初稿得全部推倒重頭來，重新編輯、排版、校對，實在是非常艱巨、繁瑣、細致的工作。因任務重，出版社一時無法安排，正在猶豫時，國、杭夫婦挺身而出，利用全部休息時間和節假日，日夜趕做，花了數月才完成《陳從周繪畫集》和《陳從周書法集》這兩本書的初步編輯、排版和校對工作。

對於熱心支援和幫助我們的單位和個人，在此再次表示衷心感謝！

陳從周研究課題主持人　宋凡聖教授

二〇一七年五月六日

圖書在版編目（CIP）數據

陳從周繪畫集 / 宋凡聖主編. -- 杭州：浙江大學出版社，2024.1
ISBN 978-7-308-19786-1

Ⅰ. ①陳… Ⅱ. ①宋… Ⅲ. ①園林藝術—繪畫—作品集—中國—現代
Ⅳ. ①TU986.1

中國版本圖書館CIP資料核字(2019)第266684號

陳從周繪畫集
宋凡聖　主編

出 品 人　褚超孚
責任編輯　呂倩嵐
責任校對　吴心怡
封面設計　國增林　宋凡聖
出版發行　浙江大學出版社
（杭州市天目山路148號　郵政編碼：310007）
（網址：http://www.zjupress.com）
排　　版　杭州林智廣告有限公司
印　　刷　浙江海虹彩色印務有限公司
開　　本　787mm × 1092mm　1/8
印　　張　26.75
字　　數　338千
版 印 次　2024年1月第1版　2024年1月第1次印刷
書　　號　ISBN 978-7-308-19786-1
定　　價　598.00元

浙江大學出版社市場運營中心聯繫方式：（0571）88925591；http://zjdxcbs.tmall.com